AF748767

Marius Reinkemeier

Beförderungssicherheitsmanagement

ISBN 978-3-945692-55-4

Marius Reinkemeier

Beförderungssicherheitsmanagement

Gefahrgutwissen für Managementsystembeauftragte

Pigmentar GmbH / Bereich Verlag

Bibliografische Information der Deutschen Bibliothek
Die Deutsche Bibliothek verzeichnet diese Publikation in der Deutschen Nationalbibliografie. Detaillierte bibliografische Daten sind im Internet unter **https://dnb.ddb.de** abrufbar

ISBN 978-3-945692-55-4
1. Auflage

Soester Str. 24, D-59505 Bad Sassendorf

Lektorat: N. Bastwöste
Satz: Pigmentar GmbH
Cover: Pigmentar GmbH
Web: www.pigmentar.eu

Inhaltsverzeichnis

Abkürzungsverzeichnis

ADN	Accord européen relatif au transport international des marchandises Dangereuses par voie de Navigation intérieure; Europäisches Übereinkommen für die Beförderung gefährlicher Güter auf dem Binnenwasserweg
ADR	Accord européen relatif au transport international des marchandises dangereuses par route; Europäisches Übereinkommen über die internationale Beförderung gefährlicher Güter auf der Straße
BPL	Beauftragte Person Ladungssicherung
BG RCI	Berufsgenossenschaft Rohstoffe und Chemische Industrie
BSM-System	Beförderungssicherheitsmanagement-System
CTU	Cargo Transport Unit (engl.); Güterbeförderungseinheit (dt.)
CTU-Code	Richtlinie für das Packen von Güterbeförderungseinheiten
EU	Europäische Union
Gb	Gefahrgutbeauftragter
GGBefG	Gesetz über die Beförderung gefährlicher Güter
HCDG	High Consequence Dangerous Goods; gefährliche Güter mit hohem Gefahrenpotenzial
IATA DGR	IATA Dangerous Goods Regulations; Vorschriften für den Versand gefährlicher Güter in der Luftfracht
IMDG-Code	International Maritime Dangerous Goods Code; Beförderungsvorschrift für gefährliche Güter im Seeschiffverkehr
IMO	International Maritime Organization
ISO	International Organization for Standardization
L-I-S	Ladungssicherungs-Informations-System
LuftSiG	Luftsicherheitsgesetzt
OWiG	Ordnungswidrigkeitengesetz
RC	Responsible Care

RID	Règlement concernant le transport international ferroviaire des marchandises dangereuses; Übereinkommen über die internationale Eisenbahnbeförderung gefährlicher Güter
RMF	Risk Management Framework for Inland Transport of Dangerous Goods
StVO	Straßenverkehrs-Ordnung
SQAS	Safety & Quality Assessment for Sustainability
SÜFV	Sicherheitsüberprüfungsfeststellungsverordnung
SÜG	Sicherheitsüberprüfungsgesetz
VCI	Verband der chemischen Industrie
VDI	Verein Deutscher Ingenieure
ZÜP	Zuverlässigkeitsüberprüfung

Vorwort

Die erste Idee oder Grundlage für dieses Buch entstand im Rahmen meiner Masterarbeit an der Technischen Hochschule Georg Agricola zu Bochum im Jahr 2024. Im Rahmen dieser Masterarbeit habe ich betrachtet, was der Kern von Transportsicherheit, Management und Systemen und damit schlussendlich von Managementsystemen ist. Dies sollte die Grundlage für die Eigenleistung, der Entwicklung eines Beförderungssicherheitsmanagementsystems (BSM-System) sein.

Das im Rahmen der Masterarbeit vorgestellte System bedurfte weiterer Überarbeitungen, um dem Anspruch gerecht zu werden, allerdings hat mir als Gefahrgutbeauftragtem die Erarbeitung viel nützliches Managementwissen und ein besseres Verständnis für (ISO-genormte) Managementsysteme gegeben. Dieses Wissen sollte sich als nützlich bei der Überarbeitung der Gefahrgutorganisation im Betrieb sowie deren Aufrechterhaltung erweisen. Darüber hinaus konnte ich auch in Gesprächen mit Kollegen lernen und feststellen, welches Gefahrgutwissen bei verantwortlichen Kollegen für Managementsysteme fehlt. Diese Lücke möchte ich nun mit diesem Buch schließen. Es erscheint als logische Weiterentwicklung der Idee eines eigenständigen Managementsystems angesichts einer Systematik, die sich in bestehende Systeme eingliedern lässt. Daher möchte ich mit diesem Beitrag das erlangte Wissen und meine fachliche Expertise in einer Art aufbereiten, die Managern, Managementsystembeauftragten und Betriebsbeauftragten anderer Sicherheitsdisziplinen als Handreichung dient, um ein besseres Verständnis für die Anforderungen einer sicheren Beförderung von Gütern zu erlangen.

Idee und Abriss wurden bereits in zwei Fachartikeln in der Zeitschrift Fokus Gefahr/Gut veröffentlich. Diese Artikel bieten natürlich nur einen grundlegenden Einblick in Ideen und Möglichkeiten, die eine systematische Vorgehensweise anbieten kann.

Ein Wort zur Verwendung der männlichen und/oder weiblichen Form von Begriffen. Der Einfachheit halber und zugunsten des Leseflusses wurde überwiegend die einfach männliche Form von Begriffen wie „Gefahrgutbeauftragter“ (Gb) verwendet. Selbstverständlich sind in diesem Begriff Kolleginnen und Kollegen jedweder Orientierung oder Identifikation eingeschlossen.

Ein Wort des Dankes gilt an dieser Stelle meiner Frau. Sie hat mich immer wieder motiviert, die Arbeit an diesem Manuskript fortzusetzen und auch nach langen Tagen noch einige Zeilen zu schreiben. Ohne sie wäre dieses Buch vermutlich nicht pünktlich zur Abgabefrist fertig geworden.

Darüber hinaus Danke ich folgenden Kollegen, die maßgeblich zur Entwicklung der ersten Idee und der Weiterentwicklung derselben beigetragen haben: Mike Woltering, Mark Passkowski und Markus Albers.

Wichtiger Hinweis

Die Wiedergabe von allgemein beschreibenden Bezeichnungen, Marken, Unternehmensnamen etc. in diesem Werk bedeutet nicht, dass diese frei durch jedermann benutzt werden dürfen. Die Berechtigung zur Benutzung unterliegt, auch ohne gesonderten Hinweis hierzu, den Regeln des Markenrechts. Die Rechte des jeweiligen Zeicheninhabers sind zu beachten.

Die hier vorgestellten Inhalte sind sorgfältig recherchiert und erarbeitet worden. Dennoch ist es nicht möglich für die Richtigkeit der Inhalte in irgendeiner Form eine Gewähr zu übernehmen. Insbesondere bei Anwendung von Normen und Vorschriften obliegt es dem Anwender sich über die Aktualität von Normen und Vorschriften Klarheit zu verschaffen und immer aktuelle und gültige Unterlagen als Grundlage für die eigenen Arbeiten zu verwenden.

1 Grundlagen der sicheren Beförderung von Gütern

1.1 Die Wichtigkeit der sicheren Beförderung von Gütern

Am Ende jedes industriellen Prozesses steht ein Produkt. Dieses Produkt muss nach seiner Fertigung zum Kunden gelangen. Um diese Distanz zu überwinden, sind Transporte notwendig. Nun handelt es sich nicht bei jedem Produkt um ein Gefahrgut, wohl aber um ein Ladegut, das sicher befördert werden muss, um das Gut vor Beschädigung durch den Transport und die Umwelt vor Schäden durch das Gut zu schützen. Darüber hinaus sind die mit dem Transport in Zusammenhang stehenden Tätigkeiten äußerst vielfältig und ziehen sich durch weite Teile der Unternehmen. So zählen bspw. Verpackungstätigkeiten ebenso zur Beförderung wie das Bestimmen von (chemischen) Produkteigenschaften oder die Erstellung der notwendigen Dokumentation. Sowohl das produzierende Gewerbe als auch das transportierende Gewerbe haben ein Interesse daran, die Güter sicher und im gewünschten Zustand zu befördern. Eine umfangreiche, fachgerechte, systematische und den Vorschriften genügende Sicherung im Rahmen der Beförderung ist daher unerlässlich.

In der vorbereitenden Recherche für dieses Buch ist deutlich geworden, dass es nach aktuellem Stand kein formalisiertes oder durch existierende Normen allgemein gültiges Managementsystem für die sichere Beförderung von Gütern gibt. Es gibt viele Teilsysteme oder Methoden, allerdings keine Systematik, die alles in Bezug zueinander setzt. [1]

Existierende Managementsysteme, die die Beförderung von Gütern berücksichtigen sind zumeist branchen- oder unternehmens-

[1] Hier würden sicher die Kollegen aus der Chemiebranche widersprechen, da sie mit *Responsible Care®* und SQAS Zugriff auf zwei umfangreiche integrative Ansätze haben. Allerdings sind beide Systeme nicht branchenagnostisch oder in der Breite verfügbar bzw. auch nicht dafür vorgesehen. Im späteren Verlauf der Arbeit wird noch detaillierter auf beide Systeme eingegangen.

spezifisch und betrachten die Beförderung von Gütern oftmals nur in Teilaspekten. Dadurch, dass andere Disziplinen der betrieblichen Sicherheitsarbeit sowie das Qualitätsmanagement durch eigene Normen der *International Organization for Standardization* (ISO und ISO-Normen) in ein vorgesehenes Managementsystem eingegliedert werden, für Transportsicherheit eine solche Norm aber nicht vorliegt, kommt es sowohl in der Wissenschaft als auch in der betrieblichen Praxis dazu, dass diese Sicherheitsdisziplin zum Teil in den Hintergrund rückt. Durch eine formale Beschreibung der Inhalte, die für die Eingliederung der Transportsicherheit in die bestehenden betrieblichen Managementsysteme notwendig sind, kann eine optimale Integration dieser Disziplin gelingen.

Mithin verfolgt dieses Buch mehrere Ziele. Zum einen soll es den Managementsystem-Verantwortlichen der Wirtschaft als Handreichung dienen, um die Prozesse, Verfahren, Dokumente usw. aus dem Umfeld der Transportsicherheit zu identifizieren und in das betriebliche Managementsystem zu integrieren. Zum anderen soll es Gefahrgutbeauftragten, Ladungssicherungsbeauftragten und anderen an der sicheren Beförderung von Gütern beteiligten Personen eine formale Herangehensweise zum Aufbau einer betrieblichen Beförderungssicherheitsorganisation an die Hand geben.

Dadurch werden die einzelnen Unterdisziplinen der Transportsicherheit geprüft und implementiert, falls notwendig. Es wird eine weitreichende Kenntnis über alle an der Transportsicherheit beteiligten Personen und Abteilungen sowie die betroffenen Tätigkeiten gewonnen. Dadurch kann ein höheres Maß an Rechts- und Prozesssicherheit erlangt werden. Eine erste Recherche hat ergeben, dass es keine formelle Beschreibung eines Beförderungssicherheitsmanagementsystems gibt. Es existieren allerdings in der Fachliteratur und durch die ISO-Normen verschiedene andere Managementsysteme, an denen sich ein Beförderungssicherheitsmanagement orientieren kann. Als Beispiel sei hier die High-Level-Structure der ISO-Normenreihe genannt. Ebenso existieren verschiedene Ansätze, um die aus dem Transport von Gütern hervorgehenden Gefahren zu identifizieren, zu bewerten und beherrschbar zu machen. Genannt seien an dieser Stelle das *Responsible Care®*[2] Management (RC-Management) der Chemie-Industrie, das

[2]Bei *Responsible Care®* handelt es sich um eine eingetragene Marke des Verbandes Cefic. Im weiteren Verlauf dieser Arbeit wird nicht weiter auf die eingetragene Marke mit dem Symbol ®hingewiesen, da es nach deutschem Rechtsbrauch nicht notwendig ist und den Schreib- und Lesefluss unnötig verkompliziert. An

Safety & Quality Assessment for Sustainability (SQAS) Auditsystem für Spediteure der chemischen Industrie sowie das *„Risk Management Framework for Inland Transport of Dangerous Goods“* (RMF) der Europäischen Union (EU). Die voran genannten Systeme betrachten die Thematik des sicheren Transports aber zumeist aus dem Blickwinkel des Transports gefährlicher Güter und liefern nur einen eingeschränkten Blickwinkel auf die Beförderung ungefährlicher Güter. Außerdem handelt es sich beim RC-Management und dem SQAS-Assessment um spezifische Lösungen der chemischen Industrie, die sich entweder an Betriebe der Branche oder deren Partner richten.

Das Ziel dieses Buches ist es, einen systematischen Ansatz zur Beherrschung der aus der Beförderung von Gütern hervorgehenden Gefahren zu entwickeln. Dabei soll sich die Systematik an den bereits existierenden Vorbildern orientieren, um die Eingliederung in bestehende Managementsysteme möglichst einfach zu gestalten. Dazu soll abgegrenzt werden, was Transport, Sicherheit und Management sind und wie sie sich miteinander in Einklang bringen lassen. Dadurch soll erreicht werden, dass ein verkehrsträgeragnostisches Modell zum Managen der Gefahren entsteht.

1.2 Aufbau und Vorgehen

Der Aufbau und die in diesem Buch verwendete Nomenklatur und nicht zuletzt die Bezeichnung der einzelnen Teile dieses Werkes wird sich an den Bezeichnungen aus den Gefahrgutvorschriften orientieren. Daher hier ein kurzer Überblick, die die einzelnen Ebenen der Struktur bezeichnet werden:

1	Teil
1.1	Kapitel
1.1.1	Abschnitt
1.1.1.1	Absatz

In Teil 2 werden wir zuerst einige wichtige, grundlegende Begriffe erläutern. Schon der Titel dieses Buches, „Beförderungssicherheitsmanagement“, bedarf einer näheren Erläuterung, da die Bedeutung der Begriffe Transport, Sicherheit und Management geklärt werden müssen. Diese und weitere zugehörige Begriffe werden wir in Teil 2 erörtern.

---

dieser Stelle wird das Markensymbol zur Würdigung der eingetragenen Marke einmalig verwendet.

Bereits im vorhergegangenen Abschnitt wurden einige Managementsysteme mit Bezug auf eine sichere Beförderung von Gütern erwähnt. Eine detaillierte Betrachtung einiger dieser Managementsysteme erfolgt in Teil 3.

In Teil 4 erfolgt dann eine systematische Schilderung der für ein BSM-System notwendigen Bestandteile. Die Schilderung wird sich an der High-Level-Structure der ISO-Normenreihe orientieren. Wer bereits mit diesen Normen gearbeitet hat und mit der High-Level-Structure vertraut ist wird hier Überschriften aus verschiedenen Normen finden, da sich die Transportsicherheit artverwandt in Themen der Reihe 9000, 14000 und 45000 wiederfindet. Wo möglich sollen in diesem Teil auch Beispiele genannt werden.

2 Grundlegende Begriffe und Konzepte

2.1 Rechtliche Grundlagen

Die Beförderung von Gütern im Allgemeinen und Gefahrgütern im Besonderen unterliegt vielen Gesetzen und Regelungen. Um ein Verständnis für die Verhältnisse im Zusammenhang mit der Beförderung gefährlicher Güter zu bekommen, ist es notwendige, grundsätzliche rechtliche Zusammenhänge darzustellen und der Gefahrgutbeförderung zugrunde liegende rechtliche Texte und Abläufe zu erläutern.

Grundlegend werden die Regelungen zur Beförderung gefährlicher Güter aller Verkehrsträger (außer der Tankschifffahrt) in den UN-Empfehlungen zum Transport gefährlicher Güter (UN-Recommendations on the Transport of Dangerous Goods, Orange Book) niedergelegt. Dieses Werk erschien erstmalig 1956 und enthält die grundlegenden Regeln und Verfahren zum Umgang mit gefährlichen Gütern während des Transportes.[3] Im Jahr 1957 wurde das Europäische Übereinkommen über die internationale Beförderung gefährlicher Güter auf der Straße (ADR) eingeführt. Später wurden weitere Vorschriften erstellt. Insgesamt werden heute folgende internationale Vorschriften (in Europa) verwendet:

- ADN Accord européen relatif au transport international des marchandises Dangereuses par voie de Navigation intérieure; Europäisches Übereinkommen für die Beförderung gefährlicher Güter auf dem Binnenwasserweg

- ADR seit 2021 Agreement concerning the International Carriage of Dangerous Goods by Road, bis 2020 Accord européen relatif au transport international des marchandises dangereuses par route; Übereinkommen über die internationale Beförderung gefährlicher Güter auf der Straße

- RID Règlement concernant le transport international ferroviaire des marchandises dangereuses; Übereinkommen über

[3] Vgl. United Nations, 2023, iii.

die internationale Eisenbahnbeförderung gefährlicher Güter

- IATA DGR IATA Dangerous Goods Regulations; Vorschriften für den Versand gefährlicher Güter in der Luftfracht
- IMDG-Code International Maritime Dangerous Goods Code; Beförderungsvorschrift für gefährliche Güter im Seeschiffverkehr

Bei den ersten drei handelt es sich um vornehmlich europäische Vorschriften, die in der EU und dem sonstigen Europa sowie weiteren Staaten Anwendung finden. Dem ADR und dem RID kommen dabei besondere Rollen zu. Das ADR wurde bisher von 55 Staaten gezeichnet und das RID von 45.[4] Der IMDG-Code wird widerum von einem Gremium der Vereinten Nationen verabschiedet und überarbeitet. Dadurch hat der Code weitreichend Geltung und wird teilweise sogar als nationale Grundlage zur Beförderung gefährlicher Güter verwendet. Die IATA DGR hingegen ist eine auf den ICAO TI beruhende Verbandsvorschrift. Sie ist kein völkerrechtliches Übereinkommen wie die anderen genannten Vorschriften, stellt aber faktisch die Grundlage für die globale Gesetzgebung in Bezug auf die Beförderung gefährlicher Güter mit zivilen Luftfahrzeugen da.

Um die internationalen (völkerrechtlichen) Übereinkommen in die nationale Geltung zu überführen, bedarf es nationaler Gesetze. In Deutschland wird die Gültigkeit durch das Gefahrgutbeförderungsgesetz (GGBefG) und seine anhängenden Verordnungen und Richtlinien verankert:

- Gefahrgutbeförderungsgesetz (GGBefG)
- Gefahrgutverordnung Straße, Eisenbahn, Binnenschifffahrt (GGVSEB)
- Gefahrgutverordnung See (GGVSee)
- Gefahrgutbeauftragtenverordnung (GbV)
- Gefahrgutausnahmeverordnung (GGAV)
- Gefahrgutkontrollverordnung (GGKontrollV)
- Gefahrgutkostenverordnung (GGKostV)
- Richtlinie Straße, Eisenbahn, Binnenschifffahrt (RSEB)

[4]Vgl. Bundesministerium für digitales und Verkehr, 2023, 70.1.S und 70.2.E

2.2 Transport oder Beförderung?

Im allgemeinen Verständnis bezeichnet der Begriff „Transport" das Verbringen von Gütern von einem Ort zum anderen, also die reine Ortsveränderung. Um aber alle Tätigkeiten, die beim Gütertransport im Allgemeinen und beim Transport gefährlicher Güter anfallen und zu regulieren sind, wird im GGBefG der Begriff Beförderung verwendet und wie folgt definiert: „Die Beförderung im Sinne dieses Gesetzes umfasst nicht nur den Vorgang der Ortsveränderung, sondern auch die Übernahme und die Ablieferung des Gutes sowie zeitweilige Aufenthalte im Verlauf der Beförderung, Vorbereitungs- und Abschlusshandlungen (Verpacken und Auspacken der Güter, Be- und Entladen), Herstellen, Einführen und Inverkehrbringen von Verpackungen, Beförderungsmitteln und Fahrzeugen für die Beförderung gefährlicher Güter [. . .]"[5] Um alle Tätigkeiten, die mit der sicheren Beförderung von (gefährlichen) Gütern einhergehen, zu erfassen, wird in diesem Buch der erweiterte Begriff der Beförderung gem. den Vorgaben des GGBefG verwendet. Außerdem wird dieser Begriff nicht nur für die Beförderung gefährlicher Güter verwendet, wofür das GGBefG originär bestimmt ist, sondern erstreckt sich auf alle Tätigkeiten im Zusammenhang mit der Beförderung jeglicher Art von Gütern.

2.3 Gefahrgut und Gefahrstoff: Abgrenzung

Im vorangegangenen Kapitel wurde bereits erörtert, was unter Transport bzw. Beförderung im Sinne dieses Buches zu verstehen ist. Da im Zusammenhang mit der Beförderung von Gütern ein erheblicher Teil der Gefahren von der Beförderung gefährlicher Güter ausgeht, möchte ich nun noch erörtern, was unter Gefahrgut zu verstehen ist und worin der Unterschied zum Gefahrstoff besteht. Dies ist vor allem deshalb von Belang, da ich häufig beobachte, wie beide Begriffe synonym verwendet oder inhaltlich vermischt werden. Dies kann aber zu Verwirrung führen, da Gefahrgut und Gefahrstoff unterschiedlichen Rechtsbereichen unterworfen sind und ebenso die betrachteten Gefahren unterschiedlich sind. Daher wird an dieser Stelle zuerst wieder das GGBefG zitiert, um eine grundlegende Definition zu liefern: „Gefährliche Güter [. . .] sind Stoffe und Gegenstände, von denen aufgrund ihrer Natur, ihrer Eigenschaften oder ihres Zustandes im Zusammenhang mit der Beförderung

[5] O. V., 2023, §2 (2).

Gefahren für die öffentliche Sicherheit oder Ordnung, insbesondere für die Allgemeinheit, für wichtige Gemeingüter, für Leben und Gesundheit von Menschen sowie für Tiere und Sachen ausgehen können."[6] Die wichtigen definitorischen Merkmale eines Gefahrgutes sind also:

- Stoff oder Gegenstand
- Gefahrbringende Natur, Eigenschaften oder Zustand
- Gefahr entsteht durch bzw. bei Tätigkeiten der Beförderung (siehe 2.2)
- Gefahr für die öffentliche Sicherheit oder Ordnung

Zum Vergleich kann der Verordnung (EG) Nr. 1272/2008 (CLP-Verordnung) folgende Defini-tion eines Gefahrstoffes entnommen werden: „Ein Stoff oder ein Gemisch, der bzw. das den [. . .] Kriterien für physikalische Gefahren, Gesundheitsgefahren oder Umweltgefahren entspricht, ist gefährlich [. . .]."[7] Ergänzend kann Artikel 1 der CLP-Verordnung entnommen werden, was vor diesen Gefahren geschützt werden soll: „Zweck dieser Verordnung ist es, ein hohes Schutzniveau für die menschliche Gesundheit und für die Umwelt sowie den freien Verkehr von [. . .] Stoffen, Gemischen und Erzeugnissen [. . .] zu gewährleisten".[8]

Zwischen Gefahrstoff und Gefahrgut gibt es also einige Unterschiede in der Betrachtungsweise. Wo das Gefahrstoffrecht Substanzen und Gemische in der Hauptsache betrachtet, werden im Gefahrgutrecht auch Erzeugnisse, Produkte und Gegenstände betrachtet. Wo das Gefahrgutrecht sich in seiner Wirkungsbetrachtung und damit auch in seiner Grenzwertbestimmung auf akute Gefahren beschränkt, betrachtet das Gefahrstoffrecht neben den akuten Wirkungen von Substanzen auch die Langzeitwirkung. Während sich das Gefahrstoffrecht auf den nicht-öffentlichen Bereich bei der Verwendung und Lagerung bezieht, richtet sich das Gefahrgutrecht an den öffentlichen Bereich und entfaltet seine Wirkung hauptsächlich bei der Ortsveränderung.

[6] O. V., 2023, §2(1).
[7] O. V., 2008, Artikel 3.
[8] O. V., 2008, Artikel 1.

2.4 Sicherheit

2.4.1 Schutzgüter und Schutzziele

In Kapitel 2.3 wurde der Unterschied zwischen Gefahrgut und Gefahrstoff erarbeitet. Um nun die Brücke zum Schutz zu schlagen ist es wichtig, an dieser Stelle zu erläutern, wer oder was überhaupt durch die richtige Anwendung der Vorschriften zu sicheren Beförderung von gefährlichen Gütern geschützt werden soll.

Laut dem Bundesamt für Bevölkerungsschutz und Katastrophenhilfe seien Schutzgüter alles, was aufgrund eines ideellen oder materialen Wertes vor Schaden geschützt werden soll. Schaden wiederum seien die negativen Ergebnisse eines Ereignisses auf ein Schutzgut. Daraus resultierend sei das Schutzziel der zu erhaltende Zustand des Schutzgutes im Falle eines Schadensereignisses.[9] Um nun noch den Zusammenhang zwischen Schutzzielen und Gesetzen zu erfassen, hilft ein Blick in die Richtlinie VDI 4055 des Vereins Deutscher Ingenieure. Dort heißt es, dass ein Schutzziel der in Gesetzen, Verordnungen, Unfallverhütungsvorschriften oder technischen Regeln beschriebene Sollzustand sei.[10]

Um nun auf die Schutzgüter im Zusammenhang mit der Beförderung von (gefährlichen) Gütern zu schließen, ist die Definition des Begriffs „gefährliche Güter" zu beachten. „Gefährliche Güter [. . .] sind Stoffe und Gegenstände, von denen aufgrund ihrer Natur, ihrer Eigenschaften oder ihres Zustandes im Zusammenhang mit der Beförderung Gefahren für die öffentliche Sicherheit oder Ordnung, insbesondere für die Allgemeinheit, für wichtige Gemeingüter, für Leben und Gesundheit von Menschen sowie für Tiere und Sachen ausgehen können."[11]

Hieraus lassen sich also die folgenden Schutzgüter ableiten:

- Die öffentliche Sicherheit und Ordnung
- Wichtige Gemeingüter
- Leben und Gesundheit von Menschen
- Tiere
- Sachgegenstände

[9] Vgl. o. V., o. J., online.
[10] Vgl. VDI, 2018, S. 8.
[11] § 2 Abs. 1 GGBefG.

Im Sinne der in 2.2 geleisteten Definition des Begriffs Transport und dessen Gleichsetzung mit der Beförderung sowie der in 2.4.2 geleisteten Definition von Gefahr als Situation bei deren ungehindertem Ablauf ein Schaden an Schutzgütern entstehen könne, können die für diese Schutzgüter bestehenden Gefahren also aus den folgenden Situationen entstehen:

- Ortsveränderung
- Übernahme des Gutes
- Ablieferung des Gutes
- zeitweiligem Aufenthalt während der Ortsveränderung,
- Vorbereitungs- und Abschlusshandlungen

Hinzu kommen noch die Natur und die Eigenschaften und/oder Zustände solcher Güter, die eine Gefahr für die Schutzgüter darstellen können. Diese gefahrbringenden Eigenschaften seien in den dreizehn Gefahrgutklassen definiert und international gültig. Um das Wirksamwerden dieser Gefahren zu verhindern, gebe es Vorschriften zur sicheren Beförderung, die eindeutig regelten, was, wie und unter welchen Bedingungen mit welchem Beförderungsmittel transportiert werden dürfe.[12] Darüber hinaus lässt sich aus weiteren Gesetzen noch eine Schutzpflicht, also eine Verpflichtung zum Einhalten der Schutzziele, sowie eine Verpflichtung zur Vorsorge, also eine Verpflichtung zum Vorbeugen eines möglichen Eintretens von Schäden, ableiten.[13]

2.4.2 Safety und Security – zwei Seiten derselben Medaille

Um sich dem Begriff der Sicherheit anzunähern, muss zuerst betrachtet werden, was Unsicherheit oder Gefahr ist. Gefahr sei eine Situation, die bei ungehindertem Ablauf zu einem Schaden führe.[14] Dies sei eine sogenannte konkrete Gefahr, aus der eine Verletzung von Schutzgütern hervorgehen könne. Sie sei zu unterscheiden von der abstrakten Gefahr.[15]

In der deutschen Sprache verwenden wir den Begriff Sicherheit synonym für die Abwehr jeglicher Art von Gefahr. Für die Arbeit mit gefährlichen Gütern ist allerdings die Unterscheidung in die

[12]Vgl. Oberschelp 1993, S. 13-16.
[13]Vgl. §5 Abs. 1 1 + 2 Satz BImSchG.
[14]Vgl. Lehder, Skiba, 2001, S. 19-20.
[15]Vgl. Burgi, 2020, S. 4-5 (online).

Bereiche Safety und Security, die die englische Sprache bietet, erheblich. Der Unterschied liegt wesentlich in der Quelle, aus der die Gefahr rührt. So kann man zwei Quellen, die eine Gefahr auslösen können, unterscheiden: zum einen die Gefahr, die aus der Absicht entsteht, einen Schaden bzw. eine Gefahr herbeizuführen und zum anderen die Gefahr, die den Dingen oder Tätigkeiten innewohnt und durch ein Fehlverhalten ohne Absicht eintreten kann. Der Schutz gegen das absichtliche Herbeiführen eines Ereignisses, also gegen Gefahren von „außen", wird als Security bezeichnet, wohingegen der Schutz gegen das Wirksamwerden der den Dingen innewohnenden Gefahren als Safety bezeichnet wird. Die Abgrenzung ist bei der Arbeit mit gefährlichen Gütern daher wichtig, da man die Gefahrgutbeförderung sowohl gegen Safetyrisiken als auch gegen Securityrisiken absichern muss. Wie bereits in Kapitel 2.3 dargestellt wurde, wohnen gefährlichen Gütern eben gefährliche Eigenschaften inne, gegen die die vorgeschriebenen Maßnahmen während der Beförderung Sicherheit gewährleisten sollen. Aber ebenso bieten Gefahrgüter die Möglichkeit, für die Zwecke dritter entfremdet zu werden. Daher besteht auch immer ein Securityrisiko.

2.4.3 Gefährliche Güter mit hohem Gefahrenpotenzial

Nirgendwo wird das Risiko für die Security im Umgang mit gefährlichen Gütern deutlicher beschrieben als in Teil 1.10 des ADR/RID bzw. Teil 1.4 des IMDG-Codes. Diese Teile der Vorschriften beschäftigen sich mit der Security während der Gefahrgutbeförderung im Allgemeinen und dem Umgang mit sogenannten gefährlichen Gütern mit hohem Gefahrenpotenzial (High Consequence Dangerous Goods, HCDG) im Speziellen. In diesem Kapitel der Vorschriften werden solche Gefahrgüter identifiziert, die, wenn sie in die falschen Hände geraten, zu terroristischen Zwecken missbraucht werden können und eine große Gefahr für den Verlust zahlreicher Menschenleben, große Zerstörung oder tiefgreifende sozioökonomische Veränderungen bergen.

Es obliegt den zuständigen Gefahrgutbeauftragten, im Rahmen des Jahresberichtes festzustellen, ob das betreute Unternehmen mit solchen gefährlichen Gütern mit hohem Gefahrenpotenzial zu tun hat. Wenn dem so ist, ist von der/dem Gefahrgutbeauftragten weiterhin das Vorhandensein eines sog. Sicherungsplans zu überwachen.

Für die Gefahrenabwehr bei der Arbeit mit solchen Hochrisikogefahrgütern stellt der Sicherungsplan eine wesentliche Maßnahme dar. Dieser Sicherungsplan befasst sich in der Hauptsache mit der Abwehr von Securityrisiken. Er muss mindestens den Anforderungen aus der Vorschrift Genüge tun, bedarf aber wie auch andere Sicherungs- und Alarmpläne einiges an Arbeit, um alle möglichen Gefahrenquellen zu identifizieren und im Sicherungsplan zu berücksichtigen. Dazu kommt, dass ein derartiges Dokument in Deutschland der Geheimhaltung gem. Sicherheitsüberprüfungsgesetz (SÜG) i. V. m. Sicherheitsüberprüfungsfeststellungsverordnung (SÜFV) unterliegt und nur solche Personen, die den Anforderungen an eine Sicherheitsüberprüfung gem. SÜFV genügen, einen solchen Sicherungsplan verfassen oder in seiner Gänze einsehen dürfen. Um jedoch eine solche Sicherheitsüberprüfung einleiten zu können, bedarf es eines vom Unternehmer bestellten Sabotageschutzbeauftragten, denn nur ein solcher darf beim jeweils zuständigen Amt eine solche Überprüfung einleiten und muss sich um eine personenbezogene Sicherheitsakte der zu überprüfenden Mitarbeiter kümmern.[16] Paradoxerweise würde eigentlich schon die reine Identifikation solcher Gefahrgüter voraussetzen, dass die Person, die diese Aufgabe ausführt, eine entsprechende Überprüfung und Freigabe vorweisen kann. Übrigens: Wenn ihr Unternehmen an der sicheren Beförderung von Gütern in der Luftfracht teilnimmt und daher Mitarbeitende mit einer Zuverlässigkeitsüberprüfung (ZÜP) gem. Luftsicherheitsgesetz (LuftSiG) vorweisen kann, wird eine solche ZÜP oft als gleichwertig anerkannt.

Ich verweise an dieser Stelle deshalb so explizit auf die HCDG und den Sicherungsplan, da das Managementsystem wesentlichen Beitrag leisten kann, um nicht nur das richtige Prozedere zur Erstellung des Plans einzuhalten, sondern auch dabei alle betroffenen Stellen, Prozesse, Personen, Dokumente und andere Bestandteile von Bedeutung identifizieren kann. Darüber hinaus hat bei weitem nicht jedes Unternehmen, das mit der Beförderung von gefährlichen Gütern befasst ist, auch mit HCDG zu tun. Daher soll an dieser Stelle auf ihre Existenz und das grundlegende Verfahren zum Sicherungsplan hingewiesen werden, um die Sensibilität zu erhöhen.

[16]Weitere Hinweise zu diesem Verfahren finden Sie in einigen Handreichungen verschiedener Berufsgenossenschaften wie bspw. der Berufsgenossenschaft Rohstoffe und Chemische Industrie (BG RCI). Ebenso gibt es einige Gefahrgutbüros, die umfangreiche Schulungen zu diesem Thema anbieten.

2.4.4 Die sichere Lieferkette in der Luftfracht

Ein weiterer Teilbereich der sicheren Beförderung von Gütern ist die sichere Lieferkette in der Luftfracht. Ähnlich wie beim Umgang mit HCDGs befasst sich dieser Bereich auch hauptsächlich mit Fragen der Security und nicht der Safety, stellt aber für Versender von Luftfrachten einen wichtigen, wenn nicht sogar den wichtigsten Bestandteil ihrer Sicherheitsarbeit dar, wenn als Bekannter Versender oder Reglementierter Beauftragter an der sicheren Lieferkette teilgenommen wird. Im Nachgang zu den Ereignissen des 11. September 2001 sind verschiedene Sicherheitskonzepte und Rechtsvorschriften erlassen worden, um den zivilen Luftverkehr vor Attacken zu schützen. Besonders wichtig sei dabei der Schutz der Luftfracht vor unrechtmäßigem Zugriff durch Dritte.[17]

Dazu ist es notwendig, dass Luftfahrtunternehmen ihre Flugzeuge ausschließlich mit sicherer Fracht beladen. Dabei gilt, dass die Sicherheit der Fracht an verschiedenen Stellen der Lieferkette hergestellt wird – vom Versender bis hin zur Fluggesellschaft. Ist die Fracht einmal sicher und wird die Lieferkette im weiteren Verlauf nicht unterbrochen, so bleibt die Fracht sicher und kann direkt in das Flugzeug verladen werden. Die zentralen Akteure hierbei sind der Bekannte Versender und der Reglementierte Beauftragte. Bekannte Versender sind Unternehmen, die durch ihre Betriebsabläufe sicherstellen, dass die von ihnen aufgegebene Fracht manipulationsfrei (sicher) ist. Dazu bedarf es eines speziellen Zertifizierungsverfahrens und besonderer Einrichtungen zur Sicherung der Sendungen. Dies erfordert einen hohen Aufwand. Der Reglementierte Beauftragte wiederum ist eine Spedition oder ein anderer Logistikanbieter, der sicherstellt, dass die an ihn übergebene Luftfracht, die bereits durch die Prozesse des Bekannten Versenders als sicher eingestuft wurde, auch sicher bleibt. Auch für diese ist ein Zertifizierungsverfahren notwendig und sie müssen bestimmte Anforderungen an die Sicherung von u. a. Betriebsgelände und Fahrzeugen erfüllen. [18]

Sollte ein Unternehmen sich also entscheiden, Bekannter Versender oder Reglementierter Beauftragter zu werden, so werden besondere Anforderungen an das Beförderungssicherheitsmanagement gestellt.[19] Auch die Anforderungen an die sichere Lieferkette

---

[17] Vgl. o. V., 2020, online.

[18] Vgl. Schäfer 2020, S. 235-239.

[19] Dem Verfasser ist bewusst, dass es noch zusätzliche besondere Anforderungen an die Fluggesellschaften gibt (bspw. ACC3-Audit). Diese werden hier nicht weitergehend behandelt, da es sich um ein spezifisches Verfahren zur aus-

wie bspw. das Luftsicherheitsprogramm müssen als dokumentierte Information aufrechterhalten werden und finden Einzug in das BSM-System. Hier gilt es allerdings, das notwendige Maß an Geheimhaltung zu wahren, da das Luftsicherheitsprogramm nicht allgemein bekannt sein darf.

2.5 Ladungssicherung

Bei der Umsetzung eines Managementsystems im Bereich der Transport- bzw. Beförderungssicherheit stellt sich die Organisation den Herausforderungen der einzelnen Verkehrsträger.

Besondere Herausforderungen beim Schutz der Schutzgüter und dem Erreichen des Schutzziels entstehen durch die Transportbedingungen der einzelnen Verkehrsträger und insbesonder durch die Anforderungen an die Ladungssicherung.

Das Ziel der Ladungssicherung ist es, die Ladung während des Transports vor Lageveränderungen zu schützen. Dadurch vermeiden Unternehmen Gefahren für Personen, schützen das Gut vor Beschädigung und entlasten die Transportmittel- und Einrichtungen. Dabei müssen sie eine Vielzahl von (nationalen) Vorschriften beachten, darunter die Straßenverkehrsordnung, Straßenverkehrs-Zulassungsverordnung, Vorschriften der Berufsgenossenschaften, Vorgaben des Deutschen Instituts für Normung (DIN und DIN-Normen) sowie die Richtlinien des Vereins Deutscher Ingenieure (VDI und VDI-Richtlinien) und das Handelsgesetzbuch. Vor allem die VDI-Richtlinie 2700, die EU-Richtlinie 2014/47/EUR und die Norm DIN EN 12195 sind für die Ladungssicherung im Straßenverkehr ausschlaggebend.[20]

Bei der Methodik ist es wichtig, dass die Mittel zur Sicherung der Ladung den Anforderungen des jeweiligen Transportes gerecht werden. Um dies zu gewährleisten, erstellen Unternehmen ein Profil der in der jeweiligen Transportkette auftretenden statischen und

---

schließlichen Sicherung im Verantwortungsbereich von Luftverkehrsunternehmen handelt. Vgl. Schäfer, 2020, S. 243.

[20] Vgl. o. V. 2010, S. 6. Auf die spezifischen Methoden zur Sicherung von Ladung wird in dieser Arbeit nicht eingegangen, da dies zu weit führen und dem Thema der Entwicklung eines Managementsystems nicht zuträglich wäre. Die Methoden und geltenden physikalischen Gesetzmäßigkeiten können in der einschlägigen Literatur recherchiert sowie in speziellen Schulungen erlernt werden. Der Verfasser setzt voraus, dass Organisationen und Personen, die an der Beförderung von Gütern teilnehmen und deren Pflichten die Sicherung der Ladung umfassen, übe die notwendigen Kenntnisse und Ausrüstung verfügen.

dynamischen Belastungen.[21] Die folgende Tabelle verdeutlicht die unterschiedlichen, wirkenden Kräfte auf den verschiedenen Verkehrsträgern:

	Vorwärts wirkende Kräfte	Rückwärts wirkende Kräfte	Seitwärts wirkende Kräfte	Vertikal wirkende Kräfte
Straßentransport	0,8 g	0,5 g	0,5 g	1,0 g
Schienentransport	4,0 g	4,0 g	0,5 g	0,3 g
Seeschiffstransport (weltweite Fahrt)	0,4 g	0,4 g	0,8 g	0,2 - 1,0 g

Tabelle 1 Wirkende Kräfte beim Transport von Gütern – nach Verkehrsträgern

Aus dieser Anforderung folgt, dass es zusätzlich zu den allgemeinen Anforderungen an die Ladungssicherung auch verkehrsträgerspezifische Vorgaben gibt, anhand derer die Gefährdungen, die aus der Beförderung mit dem jeweiligen Verkehrsträger entstehen, beherrschbar werden. Im Seeverkehr zählen besonders die Verfahrensregeln der International Maritime Organization/International Labour Organization/United Nations Economic Commission for Europe (IMO, ILO, UNECE) für das Packen von Güterbeförderungseinheiten (CTU-Code). Ziel des CTU-Codes ist es, die physikalischen Gefahren für die Ladung sowie das Risiko von Personenunfällen deutlich zu reduzieren und Sicherheitshinweise für das korrekte Packen von Güterbeförderungseinheiten zu geben.[22] Im Bereich der Eisenbahnverkehre muss der Kodex für die Verladung und Sicherung von Ladegütern auf Fahrzeugen im Schienengüterverkehr des Internationalen Eisenbahnverbands (Union des Chemins de fer, UIC) beachtet werden. Er enthält die dem Stand der Technik entsprechenden Regelungen zur Sicherung von Ladungen in Eisenbahngüterwagen. Durch die Aufnahme in den Leitfaden zur Unterstützung der Übereinstimmung mit den geltenden Regeln der European Union Agency For Railways hat dieser Kodex einen offiziellen Charakter erlangt und stellt den sicheren Erhalt der Güter sicher. [23]

Besondere Herausforderungen entstehen beim richtigen Sichern der Ladung durch die unterschiedlichen Vorgaben der verschiedenen Verkehrsträger. Diese gilt es zu beachten und zu steuern.

[21]Vgl. Schulte 2009, S. 481.
[22]Vgl. IMO et al., 2015, S. 5-7.
[23]Vgl. o. V., 2023, online.

In Abschnitt 11.3.2 werden die Verantwortlichkeiten und rechtlichen Hintergründe zur Ladungssicherung noch weitergehend erläutert.

3 Kennzahlen und Ziele

3.1 Konstruktion und Nutzen von Kennzahlen

Um sichtbar zu machen, ob ein Managementsystem die an es gestellten Erwartungen erfüllt und die Leistung erbringt, die sich das Management wünscht, muss klar ausgedrückt werden, woran diese Erwartungen und Vorstellungen gemessen werden. Dazu müssen klare Kennzahlen und Zielvorgaben herangezogen werden. Da es aber für die sichere Beförderung von Gütern weder ein bestehendes Managementsystem noch klare bzw. klassische Kennzahlen gibt, wird in diesem Kapitel darauf eingegangen, wie Kennzahlen funktionieren und wie man gute Ziele setzt. Dies wird uns dabei helfen, in den Kapiteln 6.2 und 9.1 zielgerichtet die bestmöglichen Messgrößen zu verwenden.

Bei Kühnapfel findet sich, dass Kennzahlen dazu dienen, die Messung des Grads der Erreichung eines Ziels möglich zu machen. Dazu müssen passende Zahlen gewählt werden, die auch das Ziel widerspiegeln. Jede Kennzahl bestehe dabei aus zwei Komponenten, der Messgröße und der Bezugsgröße und stellt somit eine Zahl dar, die daraus entsteht, dass zwei andere Zahlen miteinander in Bezug gesetzt werden. Um den ermittelten Zahlen jedoch Aussagekraft zu verleihen, müssen sie wiederum mit Vergleichsgrößen in Bezug gesetzt werden, also bspw. dem gleichen Wert des Vorjahres. Dieser Definition folgend ergibt sich folgende grundlegende Formel für den Aufbau einer Kennzahl:

$$Kennzahl = \frac{Messgrösse}{Bezugsgrösse}$$

Kennzahlen wiederum könnten in drei Kategorien aufgeteilt werden: normierte Kennzahlen, standardisierte Kennzahlen und ad hoc Kennzahlen. Dabei werden die normierten Kennzahlen von Gesetzen, Verordnungen oder normgebenden Organisationen (bspw. VDI, DIN e. V. usw.) vorgegeben. Die standardisierten Kennzahlen wiederum geben sich die Unternehmen selbst, um Effektivität und Effizienz in einzelnen Bereichen des Unternehmens mess- und sichtbar zu machen. Sie werden dauerhaft im Unternehmen verankert. Ad hoc Kennzahlen schließlich würden dazu dienen, spontan eine Argumentation zu untermauern und würden für einen bestimmten Moment entwickelt, könnten sich aber auch zu standardisierten Kennzahlen entwickeln.

Aus diesen Ausführungen lassen sich nun die Bestandteile kondensieren, die zur Konstruktion einer Kennzahl benötigt werden:

- Messgröße
- Bezugsgröße
- Mathematischer Operator, der Mess- und Bezugsgröße in Beziehung setzt (verknüpft)
- Ggf. mathematische Operatoren, die die Teile der Mess- und Bezugsgröße miteinander in Verbindung bringen, falls diese aus mehreren Teilen bestehen
- Der Name der Kennzahl

Wenn also die Mess- und Bezugsgröße (und ggf. ihre Bestandteile) definiert wurden, so ist der Input der Kennzahl bekannt. Mit der Benennung der Kennzahl gebe man dem Output einen Namen und ermögliche die Standardisierung, da mit der Benennung klar zum Ausdruck gebracht werde, worum es sich handle und eine gleichbleibende Verwendung der Kennzahl so möglich werde. Abschließend müsse eine gute Kennzahl vier Anforderungen erfüllen: Eindeutigkeit, Verständnisqualität, Aktualität und Zuverlässigkeit bzgl. Veränderungen. Die Eindeutigkeit drücke aus, dass die Zahl mathematisch eindeutig ist, also dass die Inputs eineindeutig sind und dementsprechend immer das gleiche Ergebnis geliefert wird. Die Verständnisqualität bringe zum Ausdruck, wie gut eine Kennzahl zu erfassen sei, wie stark also ihre Aussagekraft sei und wie gut die Anwendung zu verstehen sei. Die Aktualität bringe zum Ausdruck, wie schnell die Inputdaten zu beschaffen sind, wie schnell also das Ergebnis geliefert werden könne und die Ereignisse tagesgenau widerspiegelt, um ein nützliches Instrument für die oberste Leitung zu sein. Die Zuverlässigkeit bzgl. Veränderungen schließlich beschreibt, wie gut eine Kennzahl dazu geeignet ist, die Resultate bereits getroffener Entscheidungen zu erfassen bzw. vermutete Resultate vorwegzunehmen. Wurde eine Kennzahl nach all diesen Kriterien konstruiert, so müsse sie abschließend dokumentiert und aufrechterhalten werden, um ihre Eindeutigkeit zu gewährleisten.[24]

3.2 Setzen von Zielen

Ziele dienen dazu, eine Organisation zu steuern, zu lenken und auf ein gemeinsames Ziel auszurichten. Sie machen damit auch das Erreichen der Wünsche und Vorstellungen der Organisation greif- und messbar.

Dieser Gedanke spiegelt auch die Meinung von Watzka wider, der gemäß der allgemeinen betriebswirtschaftlichen Definition Ziele bestimmt als einen Zustand, den es in der Zukunft zu erreichen gilt, also einen Soll-Zustand.[25] Eine sehr ähnliche Definition findet sich bei Lehner und Weihe, die ein Ziel als einen positiven Endzustand oder sogar eine Absichtserklärung definieren, auf den hingearbeitet werden kann.[26] Watzka leitet drei Aufgaben ab, die von Zielen erfüllt werden: Problemerkennung, Grundlage für rationale Entscheidungen, Grundlage für Kontrollprozesse. Dabei wird die Problemerkennung durch einen Soll-Ist-Vergleich gesteuert und eine mögliche Abweichung bewertet. Als Grundlage für Entscheidungen dienen Ziele dann, wenn die verschiedenen zur Auswahl stehenden Handlungsalternativen an ihrem Beitrag zum Erreichen eines definierten Ziels gemessen werden. Kontrollprozesse wiederum laufen im Rahmen des bereits angesprochenen Soll-Ist-Vergleichs ab. Dabei wird ein erreichter Ist-Zustand mit dem vorab definierten Soll verglichen. Sind die beiden Teile deckungsgleich, so wurde das Ziel erreicht. Eine Abweichung des Ist vom Soll bedeute eine Zielverfehlung und müsse Korrekturmaßnahmen nach sich ziehen.[27] Bei der Definition von Zielen müsse zu guter Letzt darauf geachtet werden, dass keine Konflikte zwischen einzelnen Zielen entstünden, sie sich also in ihrer Erreichung nicht gegenseitig ausschließen. Vor allem die Kommunikation der obersten Unternehmensziele entfalle dabei auf die oberste Leitung des Unternehmens. Diese seien die Vision, die Unternehmenspolitik sowie die strategischen Ziele. Die Vision

[24] Vgl. Kühnapfel, 2019, S. 1-8.

[25] Vgl. Watzka, 2016, S. 1.

[26] Vgl. Lehner, Weihe, 2019, S. 69-71.

[27] Dabei muss eine Abweichung nicht nur ein Unterschreiten bedeuten, sondern kann auch durch eine Sollübererfüllung bedeuten. In so einem Fall kann eine Korrekturmaßnahme bspw. sein, das Soll zukünftig nach oben zu korrigieren, da die Organisation offenbar leistungsfähiger als zunächst gedacht ist.

bezeichne den Nordstern, einen irgendwann erreichbaren Punkt, auf den das Unternehmen langfristig hingesteuert wird. Die Unternehmenspolitik enthalte sodann die Punkte wie dieser Nordstern in der Zukunft erreicht werden soll. Die strategischen Ziele wiederum dienten dazu, die Organisation mit ihrer Umwelt zu vergleichen, Risiken zu vermeiden und Chancen zu ergreifen.[28]

Krogerus und Tschäppeler unterscheiden diese Ziele etwas grober, bringen aber präzise auf den Punkt, was diese Unterteilung bedeutet. Sie nennen Ziele „Endziele" und „Teilziele". Dabei sei das Endziel der Punkt, auf den mit den Teilzielen hingearbeitet werde. Laut ihnen sei es dann auch wichtig, die gesetzten Ziele auf ihre Erreichbarkeit und ihren Herausforderungsgrad zu prüfen. Ein unerreichbares Ziel nehme die Hoffnung und ein zu niedriger Herausforderungsgrad nehme die Motivation. Um also Ziele zu formulieren, die weder unerreichbar noch zu wenig herausfordernd sind, empfehlen sie das 14-Punkte-Modell nach John Whitmore.[29]

Whitmore selbst schreibt über das Endziel, dass dieses oft nicht selbst kontrolliert werden könne, da es von äußeren Umständen beeinflusst wird. Leistungsziele wiederum seien die Schritte auf dem Weg zum Endziel, diese unterliegen der eigenen Kontrolle und können durch Messungen (im Sinne von Kennzahlen oder Leistungsindikatoren zum Zielerreichungsgrad – Anm. d. Verf.) des Fortschritts nachverfolgt werden. Dementsprechend führt Whitmore aus, dass ein gutes Ziel SMART, PURE und CLEAR sein müsse.[30] Diese drei Prinzipien zur Definition bzw. Formulierung eines guten Ziels ließen sich noch mit Whitmores GROW Modell verbinden, welches anhand von Zielen zu einem Ergebnis und der richtigen Umsetzung durch die richtigen Leute führt.[31]

Da es sich bei den vier genannten Modellen um Akronyme handelt, soll in der folgenden Darstellung (Abbildung 8) gezeigt werden, was hinter den einzelnen Buchstaben steht und diesen Bedeutung verliehen werden.

[28]Vgl. Watzka, 2016, S. 1-6.
[29]Vgl. Krogerus, Tschäppeler, 2017, S 22.
[30]Vgl. Whitmore, 2014, S. 61-67.
[31]Vgl. Whitmore, 2014, S. 58.

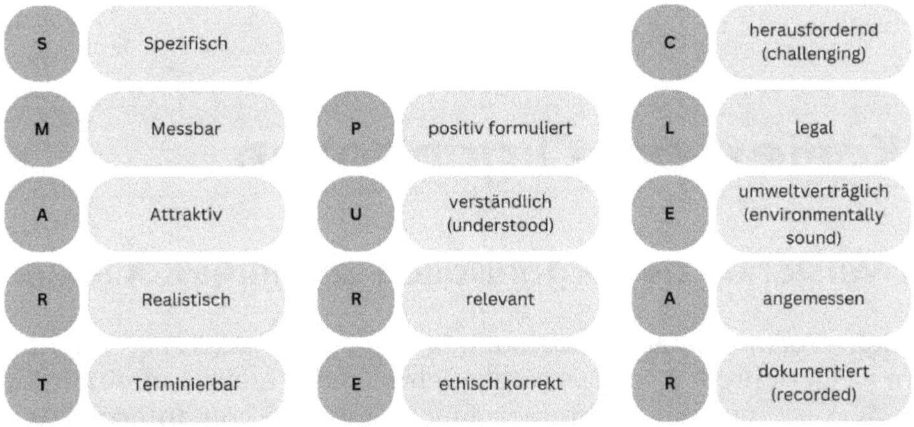

Abbildung 1: SMART PURE CLEAR - Eigene Darstellung in Anlehnung an Krogerus und Tschäppeler.[32]

Anhand der den Buchstaben zugeordneten Begriffe wird schnell ersichtlich, warum diese drei Systematiken zur Formulierung von guten Zielen führen, da sie alle oben genannten Bestandteile eines Ziels berücksichtigen. Dabei können alle drei Modelle kombiniert, aber auch einzeln angewendet werden.

GROW hingegen steht für:

Goal – das Setzen von lang- und kurzfristigen Zielen
Realität – Überprüfung der Realität, um die derzeitige Situation abzubilden
Optionen – Offenhalten von alternativen Vorgehensweisen und Handlungsmöglichkeiten
Was – Was muss wer, wann tun?

Die Anwendung von GROW führe nicht nur zu guten Zielen, da in Schritt 1 die Modelle SMART, PURE und CLEAR angewendet werden können, sondern auch zum Erreichen dieser Ziele mit dem richtigen Einsatz.[33]

Das Setzen von Zielen und die Überprüfung von deren Erreichung anhand von Kennzahlen sind also unerlässlich, um den Wirkungsgrad einer Organisation im Blick zu behalten und auch den vollen Nutzen aus einem Managementsystem zu ziehen.

[32]Vgl. Krogerus, Tschäppeler, 2017, S. 23.
[33]Vgl. Whitmore, 2014, S. 58.0

4 Kontext der Organisation

4.1 Verstehen der Organisation und ihres Kontextes

Jegliche Form von Organisationen, seien es Unternehmen oder andere zielgerichtete Gruppierungen, steht nicht allein auf einer grünen Wiese, sondern ist immer in ein System von internen und externen Faktoren eingebettet. Entsprechend gibt es ein internes und ein externes Umfeld sowie Stake-Holder, die Ansprüche an die Organisation stellen. Die Themen können dabei vielfältig sein und müssen folgende Punkte abdecken: politisch-rechtliche, ökologische, sozial-kulturelle, technologische und ökonomische Themen.

In der Literatur werden drei Perspektiven zur Erfüllung dieser Anforderung unterschieden: Der Einfluss des Umfelds auf die Organisation, der Einfluss der Organisation auf ihr Umfeld, interne Merkmale und Bedingungen.[34]

1. Einfluss des Umfelds auf die Organisation

   Eine Analyse des Marktes sowie aktueller und zukünftiger gesellschaftlicher Entwicklungen ist unabdingbar. Welche Anforderungen stellen Kunden und Gesellschaft an die sichere Beförderung von Gütern? Wie verändert sich der Markt in Bezug auf Transportkapazitäten und -preise? Gibt es gewisse Voraussetzungen von Kunden oder Speditions- und Logistikdienstleistern, die erfüllt werden müssen, damit die eigenen Güter überhaupt befördert werden können? Was tut sich bei der Vorschriftenlage und von welchen Änderungen ist die Organisation betroffen?

2. Einfluss der Organisation auf das Umfeld

   Alle Tätigkeiten, die von einer Organisation durchgeführt werden, haben einen gewissen Einfluss auf das Umfeld. Auf die Kunden ebenso wie auf Lieferanten, Dienstleister aber auch

[34] Vgl. Brauweiler et al., 2018, S. 11-12.

auf die Gesellschaft. Die Beförderung großer Mengen von Gütern mit Lkw wirkt sich anders auf das Umfeld aus als die Beförderung mit der Bahn oder mit Binnenschiffen. Ebenso unterliegt die Beförderung der in 2.4.3 beschriebenen HCDGs eben wegen ihres potenziellen Einflusses auf das Umfeld bestimmten Regeln. Wie nimmt das Umfeld die zu- und abgehenden Verkehre war? Hat der LKW-Parkplatz vor dem Werksgelände Einfluss auf das Umfeld?

3. Interne Merkmale und Bedingungen

   Der innerbetriebliche Blick hat maßgeblichen Einfluss auf die Ausgestaltung des Managementsystems. Welche Prozesse in Zusammenhang mit der Beförderung von Gütern gibt es? Wie anpassungsfähig oder resilient gegenüber Einflüssen von außen sind diese Prozesse?

Indem eine genau Betrachtung des Umfeldes der Organisation angestellt wird, soll erreicht werden, dass die Rahmenbedingungen für das Handeln der Organisation klar und bekannt sind. Im Rahmen einer Kontextanalyse mit Blick auf die Beförderungssicherheit muss also herausgearbeitet werden, welche Einflüsse in welcher Weise auf die Leistung der Organisation im Bereich Beförderungssicherheit einwirken und möglicherweise die strategische Ausrichtung und operative Durchführung der notwendigen Tätigkeiten beeinflussen. Die Organisation muss die so erhaltenen Informationen dokumentieren und aufrechterhalten.

4.2 Verstehen der Erfordernisse und Verantwortungen der interessierten Parteien

Hat man den Kontext der Organisation und damit ihre Einbettung in ihre Umgebung und Beziehungen betrachtet, ergeben sich daraus unweigerlich die an der Organisation interessierten Parteien. Bei den interessierten Parteien kann es sich um natürliche Personen, Gruppen oder Organisationen handeln. Sie können sowohl externe als auch interne Parteien sein und eine Vielzahl von Anforderungen an die Organisation stellen und dadurch Einfluss auf sie ausüben. In der Regel ist aber allen interessierten Parteien gemein, dass sie sich eine langlebige und stabile Organisation wünschen.

Beispiele für die interessierten Parteien, die Ansprüche an das Beförderungssicherheitsmanagementsystem stellen könnten, sind folgende:

Interne Anspruchsteller:

- Geschäftsführung und Führungsebenen
- Arbeitssicherheits- und Umweltmanagement
- Verkauf und Kundenmanagement
- Altlastenmanagement
- Abfallmanagement
- Packmittelmanagement
- Produktsicherheitsmanagement
- Betriebs- und Personalrat
- Mitarbeitende
- Externe Berater

Externe Anspruchsteller:

- Kunden
- Lieferanten
- Logistikdienstleister[35]
- Bundesbehörden
- Lokale Politiker und Regierungen
- Berufsverbände
- Bürger (und ihre Interessenvertretungen)
- Kommunen
- Wettbewerber
- Medien

[35] Unter Logistikdienstleister werden im Folgenden alle Dienstleister zusammengefasst, die irgendeine Art logistischer Dienstleistungen für die Organisation erbringen.

Die konkrete Liste muss von jeder Organisation selbst erarbeitet werden und unterliegt stetem Wandel, da sich die genaue Zusammensetzung der Anspruchsteller bspw. durch ein geändertes Kundenportfolio oder hinzukommende oder wegfallende Dienstleister ändern kann.

Als Ergebnis der Analyse dieser Anspruchsteller lässt sich ableiten, welche Verpflichtungen die Organisation gegenüber anderen (interne und externe) hat. Diese können rechtlicher Natur sein, aber auch vertragliche und nicht-rechtliche Gründe haben. Bspw. kann sich eine Organisation freiwillig entschließen, gewisse Verbindlichkeiten wie z. B. einen Branchenstandard ein- zuhalten. Hierzu zählen zum Beispiel das Responsible Care Management der chemischen Industrie oder das ebenfalls aus der chemischen Industrie stammende Safety and Quality Assessement for Sustainability (SQAS). Ersteres ist eine Selbstverpflichtung zur sicheren Produktion und Umgang mit Produkten der chemischen Industrie. Letzteres ist ein Auditierungssystem, das ähnliche Standards an die Logistikdienstleister der chemischen Industrie anlegt. Es bietet sich an, die Anspruchsteller nach ihrem Einfluss auf die Organisation zu bewerten und daraus abzuleiten, welche Maßnahmen ergriffen werden müssen, um die jeweiligen Ansprüche zu befriedigen. Sie werden entsprechend ihres Einflusses und des Grades ihrer Unterstützung klassifiziert. Je nach Klassifizierung eines Stake-Holders bedarf es unterschiedlich hohen Aufwands, um die betreffende Person oder Organisation an Bord zu nehmen und ihren Anforderungen gerecht zu werden. Die folgende Abbildung zeigt eine grafische Darstellung des Interesse-Einfluss-Modells und welche Maßnahmen für welche Stake-Holder verwendet werden können.

Wie in Abbildung 2 zu sehen ist, liegt der Fokus des Stake-Holder-Managements gem. des Interesse-Einfluss-Modells auf denjenigen Anspruchstellern, die einen hohen Einfluss und ein hohes Interesse an der Organisation haben, als auch auf denjenigen Anspruchstellern, die einen hohen Einfluss auf die Organisation ausüben können, aber nur geringes Interesse an ihr haben. Erstere gilt es stets eingebunden und informiert zu halten, da es sich bei dieser Gruppe um die Förderer der Organisation handelt. Letztere müssen informiert und überzeugt werden, weil es sich bei ihnen um mögliche Widersacher der Organisation handelt. Eine umfassende Analyse und Klassifizierung der (internen) Stake-Holder kann also große Auswirkungen auf Erfolg oder Misserfolg der Organisation haben.

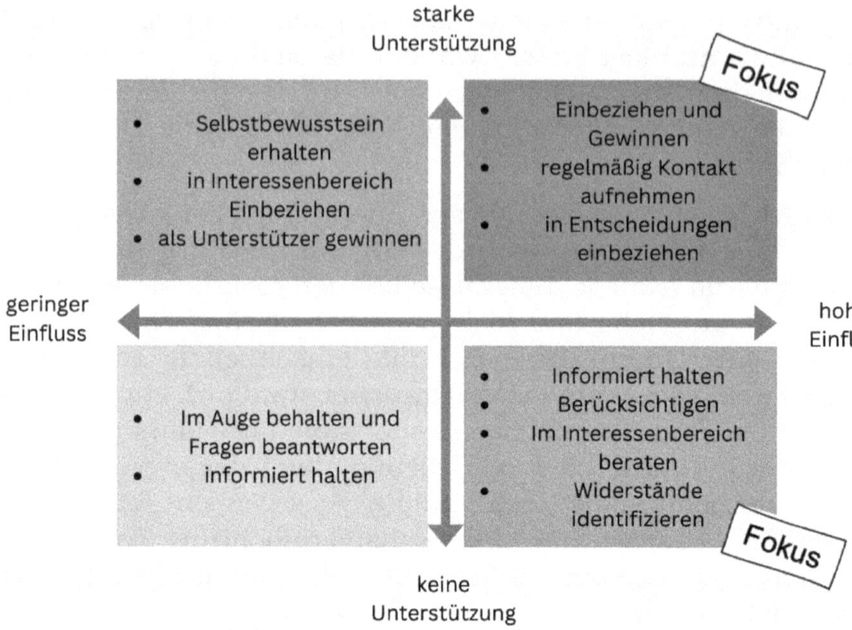

Abbildung 2: Einfluss-Interesse-Modell der Stake-Holder Analyse.

4.3 Festlegung des Anwendungsbereichs des Managementsystems

Entsprechend den ISO-Normen ist festzulegen, wo die Vorgaben eines Managementsystems gelten, und wo nicht. Es ist also abzugrenzen, wo Faktoren aus dem Bereich der Beförderungssicherheit gelten und wo diese keinen Einfluss ausüben. Um diese Grenzen festzulegen, gibt es mehrere Erkenntnisquellen bzw. Quellen zur Hilfestellung. Zuerst müssen die aus der Kontext- und Stake-Holder-Analyse gewonnenen Erkenntnisse berücksichtigt werden. Die Maßgaben der Beförderungssicherheit sind auf in diesen Analysen ermittelten Parteien anzuwenden, um ihren Ansprüchen gerecht zu werden. Um sodann zu konkretisieren, welchen Anforderungen gerecht zu werden ist, können die in Teil 1.4 ADR beschriebenen Beteiligten bzw. die gem. §17-34a GGVSEB an der Beförderung gefährlicher Güter beteiligten herangezogen werden. Aus den jeweiligen Beschreibungen und Rechtspflichten ist gut abzuleiten, auf welchen Teil der Organisation diese Pflichten zutreffend sind. Daraus ergibt sich, dass ein Teil der Organisation, dem Pflichten gem. der genannten Rechtsteile obliegen, in das Beförderungssicherheitsmanagementsystem einzubeziehen ist und Teile der Organisation, denen daraus keine Pflichten zugeordnet werden können, nicht einbezogen werden müssen.

In den zugrunde liegenden ISO-Normen wird gefordert, dass der Ein- bzw. Ausschluss von Teilen der Organisation zu begründen und die Dokumentation vorzuhalten ist. Dies empfiehlt sich auch hier, da dadurch ganz klare Verantwortlichkeiten abgegrenzt und regelmäßig überwacht werden können.

4.4 Die Prozesse des Beförderungssicherheitsmanagementsystems

Hat man derart die betroffenen Teile der Organisation ermittelt, kann der Anwendungsbereich noch feiner auf einzelne Prozesse heruntergebrochen werden, um ganz klar abzugrenzen, wo Regeln der Beförderungssicherheit anzuwenden sind, und wo nicht.

So kann bspw. ein Produktionsbetrieb keinerlei Anforderung an die Beförderungssicherheit unterliegen bis zu dem Zeitpunkt, an dem der Prozess des Verpackens der gefährlichen Güter einsetzt. Ab hier ist den Anforderungen aus den geltenden Gefahrgutvorschriften Folge zu leisten. In diesem Beispiel übernimmt der Produktionsbetrieb durch einen Teil seines gesamten Prozesses Pflichten des Verpackers gem. ADR, GGVSEB etc.

Dieses Beispiel zeigt, dass die Grenzen sehr fein gezogen werden können und müssen, um die Bindungen und Verpflichtungen möglichst fein zu betrachten und die jeweils Verantwortlichen darauf hinweisen zu können. Ebenso bildet die Betrachtung der Prozesse eine gute Grundlage für die fortlaufende Verbesserung des Beförderungssicherheitsmanagements, da so die Teilschritte bekannt sind und konkret auf bestimmte Teile der Organisation und deren Arbeitsschritte eingewirkt werden kann.

Checkliste: Kontext der Organisation

- **Kontext-Analyse**
  - politisch-rechtliche Themen,
  - ökologische Themen,
  - sozial-kulturelle Themen,
  - technologische Themen
  - ökonomische Themen
- **Stake-Holder-Analyse**
  - Wer stellt welche Anforderungen an die Organisation?
  - Interne Stake-Holder
  - Externer Stake-Holder
- **Festlegung des Anwendungsbereichs**
  - Für welche Abteilungen, Prozesse, Personen soll das Managementsystem gelten, und wo nicht?
- **Prozessbetrachtung**
  - Sind alle Prozesse des Systems beschrieben?
  - Sind Schnittstellen und Übergabestellen klar definiert?
  - Wurde eine adäquate Form der Darstellung gewählt (bspw. Prozesslandkarte, SIPOC oder Makigami)?

5 Führung

5.1 Führung und Verpflichtung

Das Kapitel Führung richtet sich im Normkontext an die Oberste Leitung der Organisation, wie auch immer diese in Abhängigkeit von der jeweiligen Organisationsform ausgestaltet ist. Zu Beginn wird gefordert, dass die Oberste Leitung Führung und Verpflichtung in Bezug auf das jeweilige Managementsystem übernimmt, sich also dazu verpflichtet, dessen Vorgaben in der Organisation durchzusetzen, sich also für das Managementsystem zu engagiert. In Bezug auf die Beförderungssicherheit lassen sich aus den Normen folgende Vorgaben ableiten, um dieser Forderung gerecht zu werden:

- Definieren des Anwendungsbereichs und der Grenzen
- Rechenschaftspflicht für die Wirksamkeit des Managementsystems
- Festlegung einer Beförderungssicherheitspolitik sowie von Zielen und einer Förderung der kontinuierlichen Verbesserung
- Einbettung der Anforderungen aus dem Managementsystem in die (betroffenen) betrieblichen Prozesse
- Bereitstellung von Ressourcen
- Bestellung eines Gefahrgutbeauftragten (falls notwendig)
- Wirksame Delegation der unternehmerischen Pflichten im Zusammenhang mit der Beförderung gefährlicher Güter
- Vermittlung der Bedeutung und Umsetzung des BSM-Systems
- Sicherstellung der Erreichung der Ziele des BSM-Systems
- Anleitung der Mitarbeitenden und Unterstützung der Führungsebenen bei der Umsetzung des BSM-Systems

Indem diese Aufgaben erfüllt werden, stellt die Oberste Leitung sicher, dass eine funktionale Organisation im Bereich Beförderungssicherheit aufgebaut und aufrechterhalten wird.

5.2 Die Beförderungssicherheits-Politik

Die durch die ISO-Normen geforderte Politik zu den jeweiligen Themenfeldern dienen dazu, die Unternehmenskultur in Bezug auf das jeweilige Thema niederzulegen. Die Politik ist Leitbild und Selbstverpflichtung und stellt die Grundlagen der Strategie in dem jeweiligen Bereich dar. Sie ist den Mitarbeitenden sowie den interessierten Parteien zur Verfügung zu stellen. Es geht darum darzulegen, warum und wie sich die Organisation mit dem jeweiligen Themenfeld befasst. Grundlegend hat die Politik und damit auch die BSM-Politik die folgenden Punkte zu beinhalten:

- Angemessenheit: Das Managementsystem muss derart sein, dass es der Organisation angemessen ist und nicht zu gering, aber auch nicht zu umfassend ausfallen
- Ziele: Es sind grundlegende zukünftige Ziele in Bezug auf die sichere Beförderung der Güter zu formulieren
- Bereitstellung von Ressourcen und Informationen: Es müssen genügend Ressourcen und Informationen bereitgestellt werden, um die sichere Beförderung der Güter zu ermöglichen
- Einhaltung der rechtlichen Verpflichtungen und anderer Anforderungen: Im Rahmen der Politik verpflichtet sich die Oberste Leitung, den ermittelten Bindungen und rechtlichen Verpflichtungen uneingeschränkt nachzukommen
- Kontinuierliche Verbesserung: Grundlage zur Fortführung jedes Managementsystems ist der Wille zur kontinuierlichen Verbesserung im jeweiligen Bereich. Diesem Willen ist in der Politik zum System klar Ausdruck zu verleihen

Diese Politik muss als dokumentierte Information, also schriftlich, vorliegen und regelmäßig auf ihre Aktualität geprüft und wenn nötig aktualisiert werden.

Bezogen auf die sichere Beförderung der Güter sind hier Ziele zu definieren, die sich auf diesen Komplex beziehen. Sie sollten den in Kapitel 3.2 beschriebenen Anforderungen gerecht werden. Ein mögliches Ziel könnte sein „Reduktion der Transportschäden durch mangelnde Ladungssicherung um 50% im kommenden

Jahr". Die Ziele sollten sich auf Probleme oder angestrebte Verbesserungen beziehen. Das Einhalten oder Erreichen von Legal Compliance kann niemals ein Ziel sein, da Gesetzeskonformität als Voraussetzung gilt.

5.3 Rollen, Verantwortlichkeiten und Befugnisse

In diesem Abschnitt wird in den ISO-Normen darauf eingegangen, dass die Oberste Leitung entsprechend den definierten Rollen auch Verantwortlichkeiten erteilen und Befugnisse gewähren muss. Anders gesagt muss die oberste Leitung eine funktionierende Aufbauorganisation in Bezug auf das Thema des jeweiligen Managementsystems sicherstellen. Betrachtet man dies nun mit dem Blickwinkel der Beförderungssicherheit, dann ist dieser Abschnitt auch eine Hilfestellung, die Aufbauorganisation rechtssicher zu machen. Die Identifikation der Rollen erfolgt dabei wieder durch die beteiligten Personen, wie sie im ADR, RID, ADN, dem IMDG-Code, der GGVSEB und der GGVSee beschrieben sind. Dabei kann ein Teil der Organisation keine, eine oder mehrere dieser Rollen einnehmen und muss für die entsprechenden Pflichten die Verantwortung übernehmen. Nach deutschem Recht richten sich die genannten Gesetze allerdings immer zuerst an den Unternehmer und nehmen diesen in die Verantwortung. Um also eine Aufbauorganisation mit sicherer Übertragung der Verantwortlichkeiten zu erreichen, kann der Unternehmer im Sinne des §9 Ordnungswidrigkeitengesetz (OWiG) Teile seiner Pflichten auf andere Personen in der Organisation übertragen. Diese Pflichtenübertragung hat schriftlich zu erfolgen, ist also im Sinne des Managementsystems als dokumentierte Information vorzuhalten. Dabei ist darauf zu achten, dass die jeweiligen Pflichtenübertragungen für die einzelnen Personen möglichst spezifisch sind und klar herausstellen, wofür und in welchem Umfang die Pflichten übertragen werden. Da die Pflichtenübertragung, wie sie in §9 OWiG geregelt ist, eine gewisse Stellung im Unternehmen erfordert, ist im Regelfall im Rahmen der Prüfung, ob die Pflichten übertragen werden können, auch zu betrachten, ob die passenden Befugnisse vorliegen.

Unternehmen, deren Tätigkeit die Beförderung gefährlicher Güter umfasst, müssen einen Gefahrgutbeauftragten bestellen (vorbehaltlich der Befreiungstatbestände in §2 GbV). Dieser ist mit den entsprechenden Mitteln zur Ausführung seiner Tätigkeit und Zugang zur Geschäftsführung auszustatten.

Als Teilnehmer an der sicheren Lieferkette in der Luftfracht muss eine weitere Funktion besetzt werden, es muss nämlich eine Person ernannt werden, die für die Durchführung des Luftsicherheitsprogramms verantwortlich ist. Es ist eine Person je Betriebsstandort zu benennen, wenn der Standort Teil der sicheren Lieferkette in der Luftfracht ist (LuftSiG i. V. m. VO (EU) 215/1998). Diese Person ist auch mit den entsprechenden Befugnissen auszustatten.

Checkliste: Führung

- **Beförderungssicherheitspolitik**
  - Ziele definiert?
  - Verpflichtung zur Einhaltung der rechtlichen Pflichten vorhanden?
  - Verpflichtung zur fortlaufenden Verbesserung vorhanden?
- **Rollen (anhand GGVSEB, GGVSee) identifiziert?**
- **Pflichtendelegationen anhand Rollen vorhanden?**
- **Gefahrgutbeauftragter bestellt?**
- **Luftsicherheitsbeauftragter bestellt?**

6 Planung

6.1 Maßnahmen zum Umgang mit Risiken und Chancen

Unter Risiken und Chancen werden solche Umstände verstanden, die unsicher sind und sich auf die Organisation potenziell negativ (Risiken) oder positiv (Chancen) auswirken können. Der Ausgang des Szenarios kann also im Vorhinein in beide Richtungen kippen und ist ad definitionem als ungewiss anzusehen. Derlei Ereignisse sollen im Zusammenhang stehen mit dem Kontext der Organisation, den interessierten Parteien, den Prozessen des Managementsystems, den bindenden Verpflichtungen sowie möglichen Unfallsszenarien. Es geht also um die Betrachtung der Auswirkungen sich stetig verändernder Rahmenbindungen auf die Organisation. Die Organisation muss entsprechend eine Resilienz gegenüber diesen Veränderungen aufbauen, um unbeschadet aus ihnen hervorzugehen. Im Zusammenhang mit der Beförderung von Gütern kann eine Vielzahl von Szenarien einen Einfluss auf die Sicherheit der Beförderung ausüben. Einige Beispiele können sein:

- Ausfall von Fahrern oder Fahrzeugen
- Verkehrsunfälle
- Beschädigte oder fehlende Ladungsträger (Paletten)
- Mangelhafte Ladungssicherungshilfsmittel
- Fehlende Zulassung von Ladungssicherungshilfsmitteln
- Unsicherheit über die Anwendung der richtigen Methoden zur Ladungssicherung
- Fehlen von Gefahrgutverpackungen
- Gefahrgutverpackungen mit den falschen Baumusterzulassungen für den Anwendungsfall
- Fehlen von Prüfungen der Gefahrgutverpackungen mit den eigenen Innenverpackungen

- Mangelhafte Sicherung von Parkplätzen zum Aufenthalt von Lkw

- uvm.

Es ist eine Vielzahl von Szenarien denkbar, die sich auf die sichere Beförderung auswirken. Jede Organisation muss die sie betreffenden Szenarien ermitteln, ihre möglichen Auswirkungen bewerten, priorisieren und Maßnahmen ableiten, um mit den Szenarien umzugehen.

1. Ermittlung und Beurteilung der Szenarien

   Es gibt verschiedene Methoden zur Ermittlung und Bewertung von Risikoszenarien. Die bekannteren, aus der Anlagensicherheit stammenden Methoden sind das PAAG-/HAZOP-Verfahren oder die FMEA-Methode. Auch der globale Verband der chemischen Industrie Cefic hat einen Leitfaden zur Ermittlung von Risiken beim Transport chemischer Güter sowie einen Leitfaden für die Untersuchung von Unfällen und/oder kritischen Ereignissen und Identifizierung der Fehlerursachen im Bereich der Logistik erstellt. Beide Dokumente lassen sich auch auf die Anforderungen des Transports anderer als chemischer Güter anwenden. Auch die einzelnen Branchenverbände und Berufsgenossenschaften können sicherlich Unterstützung bieten.

2. Bewertung der Risiken und Chancen

   Bei der Bewertung der Risiken und Chancen geht es um die Beurteilung, wie hoch ihr Einfluss auf die Organisation ist und welche Eintrittswahrscheinlichkeit den Szenarien zugeordnet werden kann und die sich daraus ergebene Kritikalität. Die Verwendung einer Risikomatrix zur Beurteilung der Szenarien kann hilfreich sein. Hier werden die möglichen Szenarien nach ihrer Eintrittswahrscheinlichkeit und Schadensschwere beurteilt und entsprechend einer Risikoklasse zugeteilt. Je höher Einfluss und Eintrittswahrscheinlichkeit sind, desto höher ist auch der Einfluss auf die Organisation. Daraus ergibt sich gleichermaßen eine Priorisierung in der Abarbeitung der einzelnen Szenarien, die für Schritt 3 wichtig ist.

3. Ableitung von Maßnahmen

Basierend auf der in Schritt 2 durchgeführten Beurteilung und Priorisierung der Risiken und Chancen sind Maßnahmen abzuleiten und umzusetzen, die die Risiken abwehren und die Chancen heben. Konkrete Vorschläge zum Umgang mit Risiken und Chancen finden sich bei Brauweiler et al. und können ebenso auf das Arbeitsfeld Beförderungssicherheit angewandt werden:

- Risikoakzeptanz → Keine Maßnahmen
- Risikominderung → genügend Maßnahmen, um Schadensschwere und/oder Eintrittswahrscheinlichkeit zu senken
- Risikotransfer → Übertrag des Risikos auf Dritte
- Risiko vermeiden → Das Risiko wird nicht eingegangen, bspw. ein bestimmtes Gefahrgut nicht befördert.[36]

Zum Umgang mit Chancen wird ausgeführt, dass eine Organisation ein Innovator sein kann. D.h., sie ist die erste Unternehmung, die eine neue Technologie oder ein innovatives Ladungssicherungshilfsmittel verwendet. Oder aber sie ist ein s. g. Follower und bedient sich des innovativen Durchbruchs eines Mitbewerbers.

6.2 Beförderungssicherheitsziele und Planung zu deren Erreichung

Im Sinne der Normen muss eine Organisation, die sich anhand eines der Managementsysteme organisiert, konkrete und messbare Ziele vorgeben, die die zugrundeliegende Politik, die binden Verpflichtungen und die Risiken und Chancen einbeziehen. Unter Berücksichtigung dieser Punkte und der zu Hilfenahme der Erklärungen in Kapiteln 3.1 und 3.2 lassen sich gut formulierte, messbare Ziele bilden. So könnten mögliche Ziele wie folgt lauten:

„Reduktion der beschädigten Transportverpackungen bei Auslieferung um 50

„Wirksame Delegation der unternehmerischen Pflichten im Zusammenhang mit der Beförderung gefährlicher Güter auf die betroffenen Führungskräfte bis Ende des ersten Halbjahres, um eine

[36]Vgl. Brauweiler et al., 2018, S. 34.

wirksame und resiliente Aufbauorganisation in Übereinstimmung mit den geltenden Vorschriften zu erhalten."

Diese Beispiele wirken aus der Luft gegriffen, verdeutlichen aber, wie Ziele auf die Fortentwicklung der Organisation einzahlen können und dabei helfen, die Organisation stetig weiterzuentwickeln

6.3 Planung von Änderungen

In einem volatilen Geschäftsumfeld und der heutigen Welt sind Systeme und Organisationen beständig im Wandel und andauernden Änderungen unterworfen. Einige Änderungen sind dabei nicht vorhersehbar und von Dritten verursacht. Andere Änderungen sind geplant und gewollt oder stehen regelmäßig an. Auf diese Art von Änderungen muss sich die Organisation vorbereiten und eine Planung vorliegen haben, wie mit Veränderungen umzugehen ist. Mögliche, planbare Änderungen können unter anderen sein:

- Der Wechsel eines Dienstleisters
- Einführung einer neuen Versandverpackung
- Einführung eines neuen Gefahrgutes
- Aufbau einer neuen Be- oder Entladestelle
- Änderungen der Gefahrgutvorschriften

Dabei sind die zweijährig (ADR, RID, ADN, IMDG) bzw. jährlich (IATA DGR) in Kraft tretenden Änderungen der Gefahrgutvorschriften vermutlich am einfachsten zu handhaben, da es dazu auch vielerlei Schulungen und Informationsveranstaltungen sowie gute Dokumentation von Fachzeitschriften und Branchenverbänden gibt. Schwierig können sich die Änderungen bspw. beim 49CFR (US-amerikanische Gefahrgutgesetze) ergeben, da diese sich mehrfach jährlich zu verschiedenen Zeitpunkten ändern können. Andere mögliche Änderungen erfordern eine gute Zusammenarbeit der Beförderungssicherheit (bspw. dem Gefahrgutbeauftragten) mit den jeweils auslösenden Abteilungen bzw. Teilen der Organisation. Mit anderen Worten: Es wird ein effektives und effizientes Management of Change (MoC) benötigt, um etwaigen Änderungen Herr zu werden. Hier kann man sich verschiedener Modelle und Methoden aus dem Projektmanagement bedienen, um eine sich verändernde Umwelt gehörig zu begleiten. Gerade wenn eine größere Veränderung viele Leute beeinflusst, ist eine ordentliche Begleitung unerlässlich, da sich zeigt, dass Menschen, die bspw. in ihrer Arbeitswelt einer großen Veränderung unterworfen werden, ähnliche Phasen durchleben wie die 5 Phasen der Trauer.

6.4 Bestimmung rechtlicher Verpflichtungen und anderer Anforderungen

Die Beförderung von Gütern unterliegt einer Vielzahl von Gesetzen, Verordnungen und rechtlichen Anforderungen. Die von der Organisation einzuhaltenden Verpflichtungen hängen maßgeblich von der Rolle der Organisation in der Beförderungskette ab. Sie können weitreichende Unterschiede haben, wenn man einen Spediteur im Vergleich zu einem Produzenten von chemischen Substanzen betrachtet. Die folgende Aufstellung ist als unvollständig zu betrachten, bietet aber einen Überblick über die möglichen Anforderungen:

- Straßenverkehrsordnung
- Straßenverkehrszulassungsordnung
- Güterkraftverkehrsgesetz
- ADR
- RID
- ADN
- IMDG
- IATA DGR
- Gefahrgutbeförderungsgesetzt
- Gefahrgutverordnung Straße, Eisbahn, Binnenschifffahrt
- Gefahrgutverordnung See
- Gefahrgutbeauftragtenverordnung
- Gefahrgutausnahmeverordnung
- Richtlinie Straße, Eisenbahn, Binnenschifffahrt
- Strahlenschutzgesetz
- Sprengstoffgesetz

- Bundesimmissionsschutzgesetz
- Arbeitsschutzgesetz
- Betriebssicherheitsverordnung

Wie an der Liste zu sehen ist, spielen auch Gesetze und Verordnung anderer Sicherheitsdisziplinen bei der Beförderung von Gütern eine Rolle. So kann ein Beförderer von radioaktivem Material dieses nur rechtskonform tun, wenn auch die Strahlenschutzverordnung beachtet wird. Und wer mit Flurförderfahrzeugen zu tun hat, wird sich unweigerlich mit der Betriebssicherheitsverordnung und den Regelwerken der Versicherungsträger auseinandersetzen müssen.

Checkliste: Planung

- **Risiken und Chancen:**
  - Szenarien ermittelt und beurteilt?
  - Chancen und Risiken bewertet?
  - Maßnahmen abgeleitet?
- **Beförderungssicherheitsziele:**
  - Ziele nach dem SMART- PURE-CLEAR Prinzip oder einer anderen Systematik festgelegt?
  - Maßnahmen zur Erreichung der Ziele festgelegt?
- **Planung von Änderungen:**
  - Systematisches Management of Change eingeführt?
  - Change-Manager festgelegt?
  - Richtigen Personenkreis zur Information über Änderungen identifiziert?
- **Rechtliche Verpflichtungen:**
  - Zutreffende Gesetze identifiziert?
  - Zutreffende Rollen bei der Gefahrgutbeförderung identizifert?
  - Verpflichtende Beauftragte bestellt?
  - Pflichtendelegationen entsprechend der rechtlichen Vorgaben?

7 Unterstützung

7.1 Ressourcen

Im Rahmen der ISO-Normen werden Ressourcen gefordert, die notwendig sind, um das Managementsystem aufzubauen, es zu verwirklichen, sowie es aufrecht zu erhalten und fortlaufend zu verbessern. Diese Ressourcen können vielerlei Art sein. Es kann sich um Personal aber auch um Zeit, Geld oder bestimmte, bereits vorhandene Mittel handeln. Diese Forderung der Managementsysteme deckt sich in gewisser Weise mit der GbV, da dort in §9 (2) dem Unternehmer die Pflicht auferlegt wird, dem Gefahrgutbeauftragten genau diese Regelwerke zur Verfügung zu stellen. Diese Ressourcen sind notwenig, damit er seiner Aufgabe im Sinne der GbV und des ADR/RID/ADN/IMDG nachkommen kann. Ebenso wird dem Gefahrgutbeauftragten dort jederzeit der direkte Zugriff auf die Geschäftsführung zugesprochen. Durch diese enge Verbindung zur Geschäftsführung kann der Gefahrgutbeauftragte jederzeit auch einen kurzfristig notwendigen Bedarf anmelden und die notwendigen Ressourcen zur Verfügung gestellt bekommen. Auch in Organisationen, die keine gefährlichen Güter befördern, bietet es sich an, eine bestimmte Position mit ähnlichen Rechten auszustatten. Dies kann zum Beispiel eine Beauftragte Person für Ladungssicherung, ein Logistikleiter oder jemand aus dem Bereich Packmittel sein. Bei der Anforderung, Planung und Vergabe von Ressourcen ist auch auf die Verhältnismäßigkeit und die Notwendigkeit zu achten. So kann es sein, dass ein Projekt zwar eine große Menge Geld als Ressource benötigt, dabei aber kaum sicherheitsrelevanten oder anderen Mehrwert bringt. Hier ist immer auch vom Antragsteller die Notwendigkeit zu hinterfragen. Handelt es sich allerdings um einen Umstand, der rechtlich notwendig ist, sollte die Entscheidung klar sein.

7.2 Kompetenz

Im Bereich der Kompetenz schreiben die Normen vor, dass Unternehmen sicherstellen müssen, dass alle Mitarbeitenden (interne und externe) sowie etwaige Dritte (Lieferanten, Dienstleister etc.), die im vom jeweiligen Managementsystem betroffenen Bereich tätig sind, auch die entsprechende Kompetenz mitbringen. Kompetenz sei hier verstanden als die Fähigkeiten und das Wissen zur Umsetzung der Anforderungen aus dem Managementsystem. Wer mit gefährlichen Gütern zu tun hat, dem spielen hier abermals die Vorschriften in die Karten. In den Vorschriften ADR, RID, ADN und IMDG ist jeweils im Kapitel 1.3 grundlegend definiert, dass alle Mitarbeitenden, deren Tätigkeit die Beförderung gefährlicher Güter (und Beförderung wird hier im Sinne der Definition aus 2.2 verstanden) beinhaltet, regelmäßig zu unterweisen sind.[37]

Entsprechend gibt es Vorgaben und gewisse Rahmen, an die sich die Unternehmen halten können. Es muss allerdings immer noch sichergestellt werden, dass diese Unterweisungen regelmäßig und entsprechend der Maßgaben durchgeführt werden. Durchgeführt werden dürfen diese Unterweisungen von jedem, der dazu befähigt ist bzw. sich dazu befähigt fühlt. Es ist ein Nachweis über die erfolgten Unterweisungen zu führen, aus dem hervorgeht, wer unterwiesen wurde und welche Inhalte vermittelt worden sind. Wer Gefahrgutfahrer beschäftigt, hat eine höhere Hürde zu nehmen, da die Schulung für Kraftfahrer anderen, spezielleren Anforderungen unterliegt. Hier muss auch der Trainer bestimmte Qualifikationen mitbringen, diese Schulung darf also nicht mehr von jedem, der sich befähigt fühlt, durchgeführt werden. Sollen die betroffenen Fahrer auch noch Tanks (Tankwagen, Tankcontainer o. ä.) fahren, dann ist ein Aufbaumodul erforderlich. Gleiches gilt beim Umgang mit der Klasse 1 (explosive Stoffe) und der Klasse 7 (radioaktive Stoffe).

Einen Schritt weiter geht die Vorschrift IATA DGR. Wer gefährliche Güter in der Luftfracht befördern will, muss sich einem streng beschriebenen Training mit entsprechender Prüfung unterwerfen.

[37] Im deutschen Sprachgebrauch hat der Begriff „Unterweisung", der in der deutschen Fassung der Gefahrgutvorschriften in dem genannten Kapitel verwendet wird, durchaus ein gewisses „Gschmäckle", da der Begriff bereits im §12 Arbeitsschutzgesetz (ArbSchG) definiert und beschrieben wird. Hier werden auch bestimmte Vorschriften gemacht, wie eine Unterweisung durchzuführen ist. Nach einiger Recherche und Rückfragen bei Experten aus dem Gefahrgutumfeld ist diese Definition allerdings nicht auf die Unterweisung nach ADR/RID/ADN/IMDG anzuwenden.

Die Vorgaben, die entsprechende Prüfer und Trainer erfüllen müssen, sind derart umfangreich und explizit, dass das Gros der Unternehmen nicht umhinkommen wird, die Lehrgänge bei externen Spezialisten zu buchen. Hier ist auch entsprechend eine Wiederholungsfrist von 2 Jahren mit einem, zwischen zwei Schulungen liegenden Assessment vorgeschrieben.[38]

Auch der Gefahrgutbeauftragte muss sich einer umfangreichen Grundschulung und einer regelmäßigen (alle 5 Jahre) Revalidierung seines Zertifikates in Form einer Prüfung bei der IHK unterziehen. Der Unternehmer darf nur solche Personen zum Gefahrgutbeauftragten bestellen, die über einen gültigen Schulungsnachweis verfügen.

Entsprechend ist das Unternehmen, welches mit Gefahrgütern zu tun hat, in der Pflicht, ein Schulungs- und Dokumentationssystem aufzubauen, um sicherzustellen, dass die Anforderungen an die Kompetenz der Mitarbeitenden erfüllt werden.

Für die Unternehmen, die nicht-gefährliche Güter befördern, gibt es keine derartig vorgeschriebenen Schulungen oder Unterweisungen. Allerdings können hier andere Kompetenzen herangezogen werden, die im Beförderungssicherheitsmanagementsystem betrachtet werden. Die Schulungen und Unterweisungen zum Umgang mit Flurförderfahrzeugen, Ladungssicherungsschulungen und der richtige Umgang mit der PSA sowie der Ausrüstung zum Sichern von Fahrzeugen sei hier genannt. Vor allem der Komplex Ladungssicherung ist mehr als einen Blick wert, da effektive Ladungssicherung extrem von den verwendeten Materialien und der Kompetenz der Mitarbeitenden abhängig ist. Nicht grundlos werden jährlich viele Fahrzeuge auf deutschen Autobahnen wegen mangelnder oder fehlender Ladungssicherung an der Weiterfahrt gehindert.

Folglich ergibt sich, dass:

- Das Unternehmen die notwendigen Kompetenzen bestimmen muss
- Das Unternehmen einen Schulungsplan zum Erlangen der Kompetenzen aufstellen muss

[38] Die Sprache ist an dieser Stelle vom Competency Based Training and Assessement (CBTA) Modell für die Beförderung gefährlicher Güter in der Luftfracht. Eine ausführliche Beschreibung führt an dieser Stelle zu weit und wurde bereits von Kollegen an anderen Stellen vorgenommen. Der Autor möchte an dieser Stelle auf die Folge „Von PK-Kategorien zu CBTA: Ein Paradigmenwechsel" des GefahrTalk Podcast verweisen.

- das Unternehmen Schulungen durchführen (lassen) muss
- das Unternehmen die Wirksamkeit der Schulungen überprüfen muss
- das Unternehmen den gesamten Vorgang dokumentieren muss

Diese Informationen sind schriftlich festzuhalten, aufrechtzuerhalten und kontinuierlich zu verbessern.

7.3 Bewusstsein

Betrachtet man den Punkt Bewusstsein in den ISO-Normen wird deutlich, dass es hier hauptsächlich um das Bewusstsein über den Inhalt des Managementsystems und den richtigen Umgang mit seinen Inhalten handelt. Bei der Beförderung von Gütern, vor allem Gefahrgütern, sollte aber das Bewusstsein über die von den Gütern ausgehenden Gefahren und Gefährdungen im Vordergrund stehen. Den Organisationen und Mitarbeitenden müssen die Gefahren bewusst sein, die von beförderten Gütern ausgehen bzw. ausgehen können, um sachgerecht mit diesen Gütern umzugehen. Aus diesem Bewusstsein resultieren die Ziele und die zentralen Aspekte des Managementsystems. Auch ergibt sich daraus wiederum das Bewusstsein für:

- Bedeutung der Konformität der Tätigkeiten mit der Beförderungssicherheitspolitik, den im Beförderungssicherheitsmanagementsystem beschriebenen Prozessen und den geltenden Vorschriften
- Die Vorteile der Verbesserung der Leistung im Bereich Beförderungssicherheit
- Den Einfluss der eigenen Tätigkeit auf die Beförderungssicherheit

Wer mit der sicheren Lieferkette in der Luftfracht zu tun hat, der muss seine Mitarbeitenden entsprechend ihres Sicherheitsbewusstseins auswählen und dieses Bewusstsein durch regelmäßige Sicherheitsunterweisungen schärfen.[39]

[39] Informationen zur sicheren Lieferkette in der Luftfracht und dem damit zusammenhängenden Schulungssystem erhalten Sie vom Luftsicherheitsbeauftragten Ihres Unternehmens.

7.4 Kommunikation

Im Bereich Kommunikation geht es darum, dass die Organisation in der Lage ist, die Stakeholder über wesentliche Themen im Zusammenhang mit dem Managementsystem zu informieren. Es muss definiert werden, worüber, wann, mit wem, wie kommuniziert wird. Im Wesentlichen werden dabei zwei Interessengruppen bzw. Kommunikationswege unterschieden. Die interne Kommunikation und die externe Kommunikation. Bei der Beförderungssicherheit kommt noch hinzu, dass nicht nur über Themen des Managementsystems kommuniziert werden muss, sondern ggf. auch über Ereignisse (Unfälle, Produktaustritt, andere Schadens- ereignisse usw.). Dies entspricht im Wesentlichen einer Kommunikation mit den externen Stakeholdern, bedarf aber besonderer Vorgehensweisen, da es hier um ggf. sensible Themen wie Umweltschäden aber auch Personenschäden gehen kann. Es bietet sich an, das Thema der Kommunikation auch im Bereich „Umgang mit Risiken und Chancen“ aufzunehmen, da der Umgang mit Risiken und das Nutzen von Chancen auch Kommunikationsbedarf nach sich ziehen können.

7.5 Dokumentierte Information

Unter dokumentierter Information werden alle Informationen verstanden, die in einer nicht ausschließlich mündlichen Art und Weise gesichert werden. Dies können physische Dokumente, aber auch gespeicherte Emails oder digitale Dokumente sein, wobei die gängigsten sicher Word-Dokumente und PDFs sind. Als dokumentierte Information muss all das gesichert werden, was zum einen gesetzlich vorgeschrieben und zum anderen im Rahmen des Managementsystems festgelegt ist. Da für die Beförderungssicherheit derzeit noch keine Norm existiert, ist dieser Punkt besonders wichtig, da die Organisation weitestgehend freie Hand hat. Eine Orientierung an den ISO-Normen wird aber empfohlen, zumal dadurch die Integration ins gesamte Managementsystem gelingt. Zu den gesetzlich vorgeschriebenen Dokumenten gehören wie bereits erwähnt Schulungsnachweise und Zertifikate, aber auch Beförderungsdokumente, Fracht- und Zollpapiere sowie weitere Dokumente aus dem Umfeld der Güterbeförderung. Zusätzlich können Dokumente wie Checklisten von Be- und Entladeprozessen, Fotoprotokolle, Betriebs- und Verfahrensanweisungen, betriebliche Flucht- und Alarmpläne und ähnliche Informationen als dokumentierte Informationen im Rahmen des Managementsystems festgelegt werden. Wichtig ist, dass alle Dokumente einen eindeutigen und zu beachtenden Status haben. Dies können Aussagen über den Bearbeitungsstand und die Version des Dokuments, aber auch Informationen zum Veröffentlichungs- und Geheimhaltungsstatus sein. Auch die regelmäßige Kontrolle und Überarbeitung bzw. Aktualisierung der Dokumente ist in einem beschriebenen Verfahren zu regeln. Hier empfiehlt sich ebenfalls das bekannte Verfahren aus den ISO-Normen.

Checkliste: Unterstützung

- **Ressourcen:**
  - Hat der Gb einen direkten Draht zur obersten Leitung?
  - Wurden dem Gb alle notwendigen Mittel zur Verfügung gestellt?
  - Haben auch andere, mit der sicheren Beförderung betrauten Mitarbeitenden die Möglichkeit, Bedarfe zu melden?
  - Sind die Ressourcenanträge verhältnismäßig?
- **Kompetenz:**
  - Verfügt der Gb über einen gültigen Schulungsnachweis?
  - Ist sichergestellt, dass alle Mitarbeitenden die notwendigen Schulungen bspw. nach 1.3 ADR/RID/ADN/IMDG oder gem. IATA DGR erhalten?
  - Werden die Aufzeichnungen über die Schulungen mindestens 5 Jahr aufbewahrt (§27 (5) a) GGVSEB)?
  - Ist sichergestellt, dass die Mitarbeitenden sonstige notwendige Kenntnisse erlangen (bspw. Ladungssicherung)?
- **Bewusstsein:**
  - Ist sichergestellt, dass das Bewusstsein für die sichere Beförderung bei allen betroffenen Mitarbeitenden geschärft wird?
  - Sind die betroffenen Mitarbeitenden sich darüber im Klaren, dass und wie ihre Tätigkeit die sichere Beförderung betrifft?
  - Wird deutlich gemacht, welche Vorteile die sichere Beförderung und deren fortlaufende Verbesserung hat?

- **Kommunikation:**
  - Ist festgelegt, wer. wann. mit wem, über welche Themen der sicheren Beförderung kommuniziert?
  - Ist ein Weg zur internen Kommunikation festgelegt?
  - Ist ein Weg zur externen Kommunikation festgelegt?
  - Ist festgelegt, wie über kritische Themen, bspw. größere Sach- oder Personenschäden, kommuniziert werden soll.
- **Dokumentierte Information:**
  - Ist geklärt, welche Informationen als dokumentierte Informationen geführt werden sollen?
  - Ist ein Dokumentenmanagementsystem vorhanden?
  - Sind die notwendigen Dokumente eingeführt und werden regelmäßig überprüft und aktualisiert

8 Betrieb

8.1 Betriebliche Planung und Steuerung

Bei der betrieblichen Planung und Steuerung werden erneut die in Kapitel 4.4 definierten Prozesse herangezogen. An dieser Stelle geht es aber darum, die Parameter festzulegen, die für einen reibungslosen Ablauf der Prozesse sorgen. Dies kann sowohl die Menge des Personals aber auch die notwendigen Qualifikationen, zu verwendende Arbeitsmittel und Dokumente und weitere Rahmenbedingungen umfassen. In einigen Punkten helfen auch hier wieder die Gefahrgutvorschriften. Wer gefährliche Güter befördert, hat bestimmte Schulungen zu erhalten, genau beschriebene Verpackungen, Markierungen und Kennzeichen zu verwenden und bestimmte Informationen in (formfreien) Dokumenten zu erfassen und den weiteren Beteiligten der Beförderungskette zur Verfügung zu stellen. Auch Ladungssicherungshilfsmittel und Ladungsträger sollten in diesem Schritt genau betrachtet und festgelegt werden. Gerade im Bereich Ladungssicherung muss eine nach Verkehrsträger und ggf. sogar nach Zielland differenzierte Betrachtung der Prozesse erfolgen. So wirken und unterschiedliche Kräfte beim Versand mit den verschiedenen Verkehrsträgern, gegen die es zu sichern gilt. Oder sollen Luftsäcke zur Sicherung im Seecontainer verwendet werden, muss beachtet werden, dass beim Zielland USA ein spezielles Zertifikat für die Säcke vorliegen muss.[40]

Ebenso muss beim USA-Versand beachtet werden, dass die Gefahrzettel an Containern und anderen Transporteinheiten erst ab einer gewissen Höhe angebracht werden dürfen usw.

Auch wer nicht mit Gefahrgütern arbeitet, kann wiederum einige Informationen und Hinweise aus den Gefahrgutvorschriften ziehen und muss seine eigenen Produkte auf die notwendigen Prozesse hin prüfen, die zu deren sicherem Versand beitragen.

Entsprechend ergeben sich aus diesem Arbeitsschritt konkrete

[40] Die Information darüber und das Zertifikat der verwendeten Säcke wiederum können als zu dokumentierende Information gelten. An dieser Stelle wird dadurch besonders deutlich, wie die einzelnen Teile des Managementsystems ineinandergreifen und sich gegenseitig mit Inhalten füllen.

Verfahrens- und Arbeitsanweisungen, die wiederum als dokumentierte Informationen festzuhalten, aufrechtzuerhalten und kontinuierlich zu verbessern sind.

8.2 Anforderungen der Produkte an die Sicherung

Die Beförderung unterzieht die Güter vielen Belastungsproben. Bewegung, Reibung, Temperaturunterschiede, Feuchtigkeitsschwankungen sind alles übliche Belastungen, die während der Beförderung auftreten können. Daher ist es unerlässlich, genau zu betrachten, welchen Belastungen die Güter ausgesetzt sind und welche Folgen solche Belastungen haben können. So kann bspw. Kondensfeuchtigkeit in Containern Verpackungen aus Pappe beschädigen oder unbeschichtetes Metall korrodieren. Oder eine Sicherung, die für die Beförderung auf der Straße durchaus ausreichend wäre, hält den Belastungen beim Transport auf der Schiene nicht Stand. Hinzu kommen die besonderen Anforderungen, die von den Gefahrgutvorschriften an das Verpacken der Güter und das Bilden von Ladeeinheiten[41] gestellt werden. Außerdem können verkehrsträgerspezifische Vorschriften an das Beladen der Fahrzeuge, Container o. Ä. sowie länderspezifische Vorschriften hinzukommen. So kennt bspw. die Seefracht den sog. CTU-Code, der umfangreich Vorgaben macht, wie Ladeeinheiten zu bilden und Container zu stauen sind. Oder für den Versand in die Vereinigten Staaten von Amerika gelten Vorschriften darüber, wo an Container die Großzettel zur Kennzeichnung von Gefahrgütern anzubringen sind. In Deutschland ist der Stand der Technik einzuhalten, um diesem gerecht zu werden können bspw. die Vorgaben zu Ladungssicherung des Vereins Deutscher Ingenieure (VDI), die in der Norm „VDI 2700“ und ihren Blättern festgehalten sind, oder das Ladungssicherungsinformationssystem (L-I-S) des Verbands der chemischen Industrie (VCI) angewendet werden.

In diesem Teil des Managementsystems ist der Anwender also dazu angehalten, systematisch alle zu versendenden Güter zu betrachten und zu ermitteln, wie diese bestmöglich gesichert und verladen werden können. Die Ergebnisse dieser Betrachtung sind schriftlich festzuhalten und werden dadurch auch zu dokumentierten Informationen, die schriftlich festzuhalten, aufrechtzuerhalten und kontinuierlich zu verbessern sind.

[41] Ladeeinheiten bezeichnet an dieser Stelle alle Ladungsträger inklusiver der darauf verpacken Waren. Ladungsträger wiederum sind Hilfsmittel wie bspw. Paletten, Kisten o. ä.

Checkliste: Betrieb

- **Planung und Steuerung:**
  - Prozesse bestimmt?
  - Prozessparameter festgelegt?
  - Alle notwendigen Mittel zur Durchführung der Prozesse vorhanden?
  - Alle Einflussfaktoren wie bspw. Vorschriften, physikalische Bedingungen etc. beachtet?
- **Anforderungen an die Sicherung**
  - Einflussfaktoren auf die Sicherung wie bspw. Klima, Verkehrsträger, Stappellast oder wirkende Kräfte berücksichtigt?
  - Differenzierte Ladungssicherung in Abhängigkeit vom Verkehrsträger vorhanden?
  - Sicherung in Übereinstimmung mit geltenden Vorschriften bspw. CTU-Code?
  - Ladungssicherungshilfsmittel entsprechend den geltenden Vorgaben (bspw. AAR-Zertifizierung)?

9 Bewertung der Leistung

9.1 Überwachung, Messung, Analyse und Leistungsbewertung

In diesem Teil des Managementsystems gilt es festzulegen, wie die Umsetzung des Systems zu überwachen, zu messen, zu analysieren und darauf basierend zu bewerten ist. Wiederum findet sich ein Anhaltspunkt zur Art der Überwachung im Gefahrgutrecht. So heißt es in §8 (2) der Hinweis, dass der Gefahrgutbeauftragte die Geschäftsprozesse des Unternehmens (die mit Gefahrgut zu tun haben) zu überwachen hat. Der Gegenstand der Überwachung leitet sich also im Rahmen dieses Managementsystems unmittelbar aus den in Kapitel 4.4 beschriebenen Prozessen ab. Die Messung gestaltet sich schwieriger, da das Messen der Sicherheit schwer anzustellen ist. Eine Möglichkeit ist das Bilden von Kennzahlen, die eine Aussage über den Wirksamkeitsgrad der Prozesse zulassen. In Kapitel 3.1 wurde bereits beschrieben, wie wirksame Kennzahlen gebildet werden können. An dieser Stelle möchte ich einige Vorschläge machen, die eine Aussage über die Wirksamkeit der Prozesse zulassen können:

1. Die Transportschadensquote als Quotient aus der Anzahl der verschicken Sendungen und den gemeldeten Transportschäden:

   $$Transportschadenquote = \frac{Anzahl\ verschickter\ Sendungen}{Anzahl\ Transportschäden}$$

2. Die Anzeigenquote als Quotient aus der Anzahl der verschickten Sendungen und den eingegangenen behördlichen Anhörungsbögen

   $$Anzeigenquote = \frac{Anzahl\ verschickter\ Sendungen}{Anzahl\ behördlicher\ Anhörungsbögen}$$

3. Die Beanstandungsquote bei Überwachungen aus der Anzahl der durchgeführten Überwachungen und den gefundenen Abweichungen

   $$Beanstandungsquote = \frac{Anzahl\ Überwachungen}{Anzahl\ Abweichungen}$$

Diese drei Vorschläge sind nicht vollständig und auch nicht auf jede Organisation anwendbar, lassen aber Schlüsse zu. So lässt die Transportschadensquote bspw. auf die Qualität der Ladungssicherung und die Güte der eingesetzten Verpackungen und des Verpackungsprozesses zu. Die Anzeigenquote zielt auf denselben Sachverhalt, setzt aber breiter an, da sie jeden Verstoß, der polizeilich verfolgt wird, erfasst. Durch die Betrachtung der Quote kann Rückschlüsse auf die steigende oder sinkende Qualität der Prozesse zulassen, die Betrachtung der einzelnen Fälle zeigt genau auf, wo in der Organisation die Probleme liegen, vor allem wenn wiederholt gleiche oder ähnliche Verstöße vorkommen. Die Beanstandungsquote schließlich ist eine interne Kennzahl, die durch Überwachungen bspw. des Gefahrgutbeauftragten erhoben werden kann. Sie lässt ebenfalls eine Bewertung der gesamten Prozesse. Die Betrachtung der aufgefundenen Beanstandungen verhindert dann ein Wirksamwerden außerhalb der Organisation. Durch diese Art der Betrachtung sind sodann auch die Analyse und die Leistungsbewertung gegeben. Das Erstellen weitere Kennzahlen kann notwendig und sinnvoll sein.

Die Art der Überwachung, Messung, Analyse und Leistungsbewertung sind schriftlich festzuhalten, aufrechtzuerhalten und fortlaufend zu verbessern.

9.1.1 Bewertung der Einhaltung von Verpflichtungen

Auch dieser Teil des Managementsystems beschäftigt sich mit der Bewertung zuvor festgelegter Rahmenbedingungen. So wurden in Kapitel 6.4 bereits die rechtlichen Verpflichtungen ermittelt und beschrieben. Nun soll bewertet werden, ob und in welchem Umfang diesen Pflichten nachgekommen wird. Methodisch gesehen sind hier einige Einschränkungen gegeben, da es häufig nicht in der Hand der Organisation liegt, mögliche Mängel bzw. Verfehlungen festzustellen oder zu ahnden. Auch hier kann ein Gefahrgutbeauftragter hilfreich sein, wenn die Organisation mit gefährlichen Gütern zu tun hat. Gefahrgutbeauftragte sind, wie bereits mehrfach angesprochen, zu Überwachung der Organisation verpflichtet. In diesem Rahmen können auch Feststellungen zur Einhaltung von Verpflichtungen gemacht werden. Ebenso geben Anhörungen von Überwachungsbehörden Aufschluss über mögliche Mängel bei der Einhaltung von Verpflichtungen.

9.2 Internes Audit

Interne Audits dienen der Überwachung der Funktionsweise des Managementsystems durch die Organisation selbst. Es geht darum, anhand eines geplanten Vorgehens regelmäßig die Funktionen des Managementsystems auf den Prüfstand zu stellen und der obersten Leitung Bericht zu erstatten. Die Normen machen auch hier eine Festlegung bezüglich des Vorgehens. Dieses Vorgehen soll an dieser Stelle übernommen werden. Entsprechend hat die Organisation folgendes festzulegen:

- Häufigkeit,
- Methoden,
- Verantwortlichkeiten sowie Auditoren (objektiv, unparteilich)
- Anforderungen an die Planung sowie Berichterstattung
- Umfang des Audits und Auditkriterien

Es wird den Leser nicht überraschen, wenn an dieser Stelle wiederum der Gefahrgutbeauftragte als guter Kandidat für die Planung und Durchführung eines derartigen Audits herangezogen wird. Gefahrgutbeauftragte kennen ihre Organisation im Bereich Beförderungssicherheit meist am besten und wissen, was, wer, wann und wo auditiert werden kann. Wenn kein Gefahrgutbeauftragter in der Organisation benötigt wird, muss eine Person oder ein Kollegium mit dem entsprechenden Sachverstand und den Fähigkeiten zur Planung und Durchführung eines Audits bestimmt werden. Diese Person oder Gruppe ist dann auch mit den Befugnissen auszustatten, mögliche Abweichungen abstellen zu lassen bzw. auf eine Abstellung hinzuwirken. Der Bericht über das Audit ist als schriftliche Information festzuhalten.

9.3 Managementbewertung

Die Managementbewertung dient nicht, wie der Name vielleicht vermuten lässt, einer Bewertung des Managements, sondern einer Bewertung der Funktionalität durch das Management. Das Management kann hierbei die Oberste Leitung sein oder ein durch die Oberste Leitung bestellter Vertreter. Dieser Abgeordnete der Obersten Leitung muss sich davon überzeugen, dass das Managementsystem seinen Dienst tut und alle notwendigen Ressourcen und Mittel vorhanden sind, um das System zum einen aufrecht zu erhalten und zum anderen fortlaufend zu verbessern. Um das zu gewährleisten ist es unabdingbar, dass die am System beteiligten verantwortlichen Angestellten im Rahmen dieser Managementbewertung nicht nur berichten, was läuft, sondern auch darüber berichten, was nicht gut funktioniert und welche Ressourcen benötigt werden, um die Probleme abzustellen. Ressourcen können dabei alles Mögliche sein, was benötigt wird, um einen Mangel abzustellen. Vorstellbar sind Personal, Geld, Zeit, aber auch die Umverteilung bereits vorhandener Ressourcen oder andere Mittel. Im Zusammenhang mit der sicheren Beförderung von Gütern sind können dies bspw. Geld für Ladungssicherungstests, zusätzliche Ladungssicherungshilfsmittel oder weitere Mitarbeiter in der Verpackungsstation sein. Da ein Managementsystem nur dann funktioniert, wenn die Oberste Leitung vollkommen dahintersteht und es durch den Willen der Obersten Leitung eingeführt und umgesetzt wird, ist es auch im Interesser der Obersten Leitung, die notwendigen Ressourcen zur Verfügung zu stellen.

Checkliste: Bewertung der Leistung

- **Überwachung, Messung, Analyse:**
  - Zu überwachender Bereich anhand der Prozesse festgelegt?
  - Kennzahlen für die Messung anhand der beschriebenen Regeln gebildet?
  - Wird ein regelmäßiger Soll-Ist-Abgleich der Kennzahlen durchgeführt
  - Werden Maßnahmen bei einer negativen Veränderung einer Kennzahl abgeleitet?
- **Einhaltung von Verpflichtungen**
  - Sind alle geltenden rechtlichen Verpflichtungen bekannt?
  - Werden Abweichungen bspw. aus Anhörungen oder Strafzetteln behoben?
- **Internes Audit:**
  - Häufigkeit festgelegt?
  - Methoden festgelegt?

- Verantwortlichkeiten sowie Auditoren (objektiv, unparteilich) festgelegt?
- Anforderungen an die Planung sowie Berichterstattung festgelegt?
- Umfang des Audits und Auditkriterien festgelegt?

- **Managementbewertung:**
  - Vertreter der OL zur Durchführung der Managementbewertung festgelegt?
  - Ort, Datum, Zeit für die Managementbewertung festgelegt?
  - Teilnehmerkreis identifiziert und festgelegt?
  - Art der Kommunikation festgelegt?
  - Konsequenzen und Wege zur Bereitstellung von Ressourcen festgelegt?
  - Möglichkeit zur Maßnahmenverfolgung festgelegt?

10 Verbesserung

10.1 Allgemeines

Die Organisation muss Möglichkeiten zur Verbesserung (siehe 9.1, 9.2 und 9.3) bestimmen und notwendige Maßnahmen verwirklichen,um die beabsichtigten Ergebnisse ihres Beförderungssicherheitsmanagements zu erreichen.

10.2 Nichtkonformitäten und Korrekturmaßnahmen

Teil 10 der ISO-Normen und damit auch dieses Buches beschäftigt sich mit dem Umgang mit Abweichungen sowie der fortlaufenden Verbesserung der erbrachten Leistung – in diesem Fall der Beförderungssicherheitsleistung. Dabei ist grundlegend zu betrachten, was eine Nichtkonformität überhaupt sein kann. Bei einer Nichtkonformität kann es sich um verschiedene Arten von Abweichungen handeln. Gerade in der Beförderungssicherheit können dies sowohl gesetzliche Verstöße als auch qualitative Mängel sowie Abweichungen gegen Forderungen dieses Systems sein.

Wie bereits angerissen bezeichnen Nichtkonformitäten Abweichungen von den Forderungen dieses Managementsystems. Diese können dabei in verschiedenen Formen und an verschiedenen Stellen auftreten. Beispielsweise können Abweichungen aufgedeckt werden durch:

- Ergebnisse von Überwachungen und Messungen
- Ergebnisse der Managementbewertung
- Ergebnisse der Überwachung der bindenden Verpflichtungen
- Ergebnisse von internen oder externen Audits
- Anhörungen durch externe Überwachungsbehörden
- Meldungen von Kunden

Treten Nichtkonformitäten auf, so ist die Organisation zum Handeln aufgefordert. Es müssen die folgenden Punkte umgesetzt werden:

- angemessene Überwachungs- und Korrekturmaßnahmen ergreifen
- Ursachen der Nichtkonformität abstellen
- Wirksamkeitskontrolle der Korrekturmaßnahmen
- ggf. Änderungen im Managementsystem umsetzen

Durch die Umsetzung der Korrekturmaßnahmen wird nicht nur die Funktionalität des Managementsystems sichergestellt, sondern auch auf die im folgenden Kapitel betrachtete fortlaufende Verbesserung hingewirkt.

10.3 Fortlaufende Verbesserung

Bei der fortlaufenden Verbesserung geht es darum, die Leistung im betrachteten Bereich fortlaufend und stetig zu verbessern. Die vollständige Umsetzung dieses Systems ist der erste Schritt und wird eine Organisation einige Zeit beschäftigen. Ist das System aber erst vollständig umgesetzt und die zu erwartenden Nichtkonformitäten auf ein Minimum gesenkt, müssen andere Wege gefunden werden, um Verbesserung zu bewirken. Einige Möglichkeiten sollen an dieser Stelle genannt werden:

- Betrachtung neuer Technologien, Materialien und Verfahren bspw. im Bereich Ladungssicherung
- Aus-, Fort- und Weiterbildung des Personals
- Substitution von gefährlichen Gütern durch weniger gefährliche
- Änderungen an den Ladungsträgern

Weitere Maßnahmen wie eine uneingeschränkte Zustimmung zu kontinuierlicher Verbesserung (KVP) durch die Oberste Leitung oder der Einsatz eines KVP-Verantwortlichen können dazu beitragen, eine Kultur der Verbesserung in der Organisation zu implementieren.

Checkliste: Verbesserung

- **Nichtkonformitäten und Korrekturmaßnahmen:**
  - angemessene Überwachungs- und Korrekturmaßnahmen vorhanden?
  - Werden Ursachen der Nichtkonformität abgestellt?
  - Wirksamkeitskontrolle der Korrekturmaßnahmen vorhanden?
  - ggf. Änderungen im Managementsystem umsetzen
- **Fortlaufende Verbesserung:**
  - Werden etablierte Prozesse, Techniken etc. regelmäßig anhand des PDCA-Zyklus überprüft?
  - Werden neue Technologien, Materialien, Verfahren etc. in Betracht gezogen und ggf. eingeführt?
  - Wird das Personal aus-, fort- und weitergebildet?
  - Werden Substitutionsmöglichkeiten betrachtet?
  - Werden Änderungen an Ladungsträgern, Packmitteln etc. in Betracht gezogen?

11 Umsetzung in der Praxis

11.1 Einbinden und gewinnen der Obersten Leitung

Die Umsetzung eines Managementsystems bedarf unbedingt des Rückhalts der Obersten Leitung. Die Einführung und Umsetzung müssen von dieser gewollt, gefordert und vorangetrieben werden. Ohne die Unterstützung der Obersten Leitung ist eine Umsetzung mit einem zufriedenstellenden Ergebnis annähernd unmöglich. Diese Voraussetzung spiegelt wider, dass es nicht zwingend der Wunsch oder die Idee der Obersten Leitung ist, ein Managementsystem einzuführen, sondern dass diese Idee auch aus anderen Teilen der Organisation stammen kann. In diesem Fall muss dieser Schritt als erster erfolgen. Stammt die Idee allerdings von der Obersten Leitung selbst, so kann der Schritt entfallen, wenn bereits alle Mitglieder der OL „an Bord“ sind. Sollte Überzeugungsarbeit notwendig sein, um die OL dahingehend abzuholen, dass sie bereit ist, die Einführung des Managementsystems anzustoßen und anzuführen, so kann es wichtig sein, genau zu wissen, welche Mitglieder der OL wie zum Projekt stehen und inwieweit sie überzeugt werden müssen. Um darüber Kenntnis zu erlangen, bietet sich das Einfluss-Interesse-Modell an. In diesem Modell werden alle Stake-Holder, also bspw. alle Personen eingetragen, die Einfluss auf das Projekt „Einführung eines BSM-Systems“ haben oder haben können. Sie werden entsprechend ihres Einflusses und des Grades ihrer Unterstützung klassifiziert. Je nach Klassifizierung eines Stake-Holders bedarf es unterschiedlich hohen Aufwands, um die betreffende Person an Bord zu nehmen und für das Projekt zu gewinnen. Auch auf diese Art der Einflussnehmer lässt sich das in Abbildung 2 vorgestellte Interesse-Einfluss-Modell anwenden, um die Mitglieder der Obersten Leitung entsprechend ihres Einflusses auf das Managementsystem und ihrem Interesse zu klassifizieren und entsprechend zu handeln.

11.2 Umsetzungsvorschläge in der Organisation

Managementsysteme können auf verschieden Arten umgesetzt werden. Natürlich sind die Informationen, die in den jeweiligen Teilen als „schriftlich“ gekennzeichnet sind, auch ebenso zu erstellen und aufrechtzuerhalten. Wie die Ausgestaltung erfolgt, ist aber der Organisation selbst überlassen. Aus Erfahrung bietet es sich an, ein Dokument wie ein „Managementsystemhandbuch“ anzulegen. In diesem „Master-Dokument“ wird festgehalten, welche Informationen zu hinterlegen sind, welcher Teil des Systems diese Informationen zur Verfügung stellt und wo er diese Informationen ablegen muss. Hier können auch grundlegende Dinge wie bspw. Revisionsfristen, Nomenklaturen der Dokumente, Zuständigkeiten usw. festgehalten werden. Die vollständig ausgearbeiteten Dokumente müssen dann systematisch aufbewahrt werden. Hier gibt es verschiedene Möglichkeiten. Eine einfache, funktionale aber auch im Funktionsumfang eingeschränkte Möglichkeit ist das Erstellen einer Ordnerstruktur bspw. in einer Cloud oder einem Server der Organisation. Ablage und Zugriffe können damit gesteuert und wenn nötig auch mit einer Rechtestruktur versehen werden. Allerdings bietet diese Art der Ablage kaum weitere Möglichkeiten der Dokumentensteuerung. Einschlägige Dokumentenmanagementsysteme hingegen bieten die Möglichkeit bspw. automatische Benachrichtigungen einzustellen, wenn Dokumente einer Revision unterzogen werden müssen. Auch können in derartigen Systemen Zuständigkeiten zugewiesen und weitreichende Rollen und Berechtigungen eingerichtet werden. Auf der anderen Seite verursachen solche Systeme zusätzliche Kosten und sind meist von externen Anbietern, die eine Lizenzgebühr für die Nutzung ihrer Software erheben. Gerade bei Einführung eines neuen Managementsystems kann sich auch eine schrittweise Entwicklung anbieten. Zu Beginn werden die Dokumente und das System über eine Ablage in der standardmäßig verfügbaren Cloud gesteuert, erst wenn der Umfang größer und die Notwendigkeit einer dezidierten digitalen Steuerung der Dokumente größer wird, wird zu einem Softwareanbieter gewechselt.

Was die Erstellung von Dokumenten bzw. das Befüllen des Systems mit Leben angeht, bietet sich zuerst eine Gap-Analyse an Viele Organisationen werden schon einiges haben, was mit Hilfe des Managementsystems nun in einen Kontext gesetzt und mit systematisch abgelegt werden kann. Nach der Gap-Analyse ist bekannt, in welchen Bereichen des Systems etwas fehlt. Diese Lücken müssen nun systematisch geschlossen und mit Inhalt versehen werden. Dabei kann man das System der Reihe nach abarbeiten oder aber die Lücken schließen, deren Vorhandensein maßgeblichen (negativen) Einfluss auf die Organisation hat.

11.3 Bestellung von Beauftragten: Der Gefahrgutbeauftragte und die Beauftragte Person Ladungssicherung

11.3.1 Bestellung eines Gefahrgutbeauftragten

Im Rahmen der sicheren Beförderung von Gütern gibt es zwei wichtige Beauftragten-Funktionen. Zum einen den Gefahrgutbeauftragten und zum anderen die Beauftragte Person Ladungssicherung (BPL). Wo der Gb gesetzlich gefordert ist und unter bestimmten Umständen bestellt werden muss, ist die Bestellung einer BPL freiwillig, bietet aber weitreichende Vorteile. In diesem Abschnitt beschäftigen wir uns zunächst mit dem Gb und im folgenden Abschnitt mit der BPL.

Grundsätzlich ergibt sich die Pflicht zur Bestellung eines Sicherheitsberaters aus Abschnitt 1.8.3 der Vorschriften ADR, RID und ADN (Sie sehen: IMDG und IATA DGR bleiben unerwähnt). In diesem Abschnitt und seinen Unterabschnitten wird erläutert, welche Unternehmen einen Sicherheitsberater (im Folgenden: Gefahrgutbeauftragten, Gb) ernennen müssen und worin die Pflichten und Aufgaben eines Gb bestehen. Hier finden sich auch Öffnungsklauseln, die es den zuständigen nationalen Behörden erlauben, in bestimmten Fällen von der Pflicht zur Bestellung eines Gb abzusehen.

In diesem Abschnitt wird ebenfalls festgelegt, dass ein Gefahrgutbeauftragter einen gültigen Schulungsnachweis für den jeweiligen Verkehrsträger besitzen muss. Dieser ist durch eine Schulung mit anschließender Prüfung zu erwerben und hat eine Geltungsdauer von fünf Jahren. Vor Ablauf des fünften Jahres kann der Schulungsnachweis durch eine Verlängerungsprüfung um weitere fünf Jahre verlängert werden. Die Funktion des Gb kann vom Unternehmer selbst oder einer anderen Person wahrgenommen werden. Dabei muss diese Person nicht dem Unternehmen angehören, es kann also auch ein externer Gb bestellt werden. Die Bestellung hat schriftlich zu erfolgen und auf Nachfrage ist der Name des Gb der zuständigen Behörde zu nennen.

In Deutschland treten ergänzende bzw. spezifizierende Regelungen in Kraft. Wie bereits in Kapitel 2.1 beschrieben ist national das Gefahrgutbeförderungsgesetz mit seinen anhängenden Verordnungen maßgeblich, in diesem Fall die Gefahrgutbeauftragtenverordnung. In der Gbv sind die in Deutschland geltenden Freistellungstatbestände von der Pflicht zur Bestellung eines Gb geregelt, ebenso wie Spezifika zu den Rechten und Pflichten des Gb, aber auch des Unternehmers sowie die Regelungen zur Schulung und Prüfung. Außerdem ist in der GbV verankert, dass nicht nur für die oben erwähnten Verkehrsträger Straße, Schiene und Binnenschifffahrt ein Gb zu bestellen ist, sondern auch für Unternehmen, die an der Beförderung gefährlich Güter in der Seeschifffahrt gem. GGVSee teilnehmen.

Die Kernpflichten des Gb sind demnach:

- Durchführung von Überwachung einschl. Aufzeichnung in Textform
- Sorge tragen für einen Unfallbericht, wenn notwendig
- Erstellung eines Jahresberichts für den Unternehmer
- Verlängerung seines Schulungsnachweises

Alle vier Punkte haben als schriftliche Information vorzuliegen und sind aufzubewahren. In der GbV wird auch geregelt, dass in Deutschland die Industrie- und Handelskammer (IHK) für die Prüfungen zuständig ist. Ebenso wird darauf verwiesen, dass die Inhalte der Schulung zum einen die in der jeweiligen Gefahrgutvorschrift geregelten Inhalte sowie die Inhalte der GbV (und damit der deutschen Rechtssetzung inkl. GGBefG etc.) abbilden müssen.

Ist eine Organisation also verpflichtet, einen Gefahrgutbeauftragten zu bestellen, so muss dies eine Person sein, die einen gültigen Schulungsnachweis der IHK vorweisen kann. Dieser Schulungsnachweis ist, wie oben beschrieben, alle 5 Jahre zu verlängern. Vor einer Verlängerungsprüfung muss jedoch keine weitere Schulung absolviert werden. Dabei kann die Funktion des Gefahrgutbeauftragten durch den Unternehmer, durch Mitarbeiter oder eine externe Person übernommen werden.

11.3.2 Bestellung einer Beauftragten Person Ladungssicherung

Die Beauftragte Person Ladungssicherung ist keine gesetzlich verankerte Funktion. Vielmehr handelt es sich hier um einen Spezialisten, der eine fundierte Ausbildung in den Methoden der Sicherung von Ladung vorweisen kann. Diese Person übernimmt dann die Pflichten des Unternehmers rund um die Organisation der sicheren Verladung der Güter und spezifisch im Hinblick auf die Sicherung der Ladung auf den Beförderungseinheiten.

Die Pflicht zu Ladungssicherung ergibt sich zumindest aus §22 Straßenverkehrs-Ordnung (StVO), in dem es heißt, dass die Ladung sowie die zur Sicherung der Ladung notwendigen Geräte so zu sichern sind, dass sie auch bei einer Vollbremsung oder plötzliche Ausweichbewegungen weder verrutschen, noch herunterfallen (vom Fahrzeug) oder vermeidbaren Lärm verursachen können. Hier liegt also eine rechtliche Verpflichtung zur Sicherung der Ladung vor, die beim Umgang mit gefährlichen Gütern noch um die jeweiligen Pflichten aus der anzuwendenden Gefahrgutvorschrift ergänzt werden. Gerade in der Seefracht geht dies noch einen Schritt weiter, hier existiert mit dem CTU-Code ein eigenes Regelwerk, wie Fracht in Container oder anderen Beförderungseinheiten für den Transport mit Seeschiffen ordentlich zu sichern ist.

Die Zuordnung der Zuständigkeiten wird bei der Beförderung von nicht-gefährlichen Gütern dann schon etwas komplizierter. So ergibt sich aus §23 StVO, dass der Fahrzeugführer dafür verantwortlich ist, dass die Ladung das Führen des Fahrzeugs nicht behindert und das Güterbeförderungseinheit und Ladung in einem verkehrssicheren Zustand sind. Ergänzend geht aus §412 Handelsgesetzbuch (HGB) hervor, dass der Absender das Gut beförderungssicher verladen muss, der Frachtführer aber für die betriebssichere Verladung zu sorgen hat. Da der Absender handelsrechtlich also im Regelfall auch verlädt und damit der Verlader ist, hat auch der Verlader Pflichten bei der Ladungssicherung. Entsprechend ist die Benennung einer BPL sowohl bei den Frachtführern als auch bei den verladenden Betrieben eine sinnvolle Einrichtung.

Schaut man nun in die Regelungen zur Beförderung gefährlicher Güter, so wird wesentlich klarer geregelt, wer, wann mit der Ladungssicherung zu tun hat. So werden in der GGVSEB ganz klar die Rollen und Aufgaben des Verladers und des Fahrzeugführers definiert und beide werden zur Sicherung der Ladung in die Pflicht genommen. Gleiches findet in der GGVSee statt, hier wird eine Rolle eingeführt und als „der für das Packen oder Beladen einer Güterbeförderungseinheit Verantwortliche“ bezeichnet. Resultierend aus diesen dezidierten Rollenabgrenzungen ist in der Beförderung gefährlicher Güter klar geregelt, wer für die Ladungssicherung zuständig ist.

Wie bereits in Kapitel 2.5 ausgeführt bestehen unterschiedliche Anforderungen an die Ladungssicherung, je nachdem, mit welchem Verkehrsträger befördert wird. Daher bestehen auch unterschiedliche Anforderungen an die Ausbildung einer BPL. In Deutschland werden die meisten Kurse basierende auf der Norm 2700 des Vereins Deutscher Ingenieure (VDI) angeboten. Die VDI-Norm 2700 gilt in Deutschland weithin als Stand der Technik und findet weit verbreitete Anwendung. Wer eine Ausbildung basierend auf der VDI-Norm 2700 absolviert hat, bringt die Voraussetzungen mit, um zur BPL bestellt zu werden. Im Rahmen des Kurses werden unterschiedliche Verfahren der Ladungssicherung am Beispiel unterschiedlicher Ladegüter vermittelt. Dies reicht von palettierten Stückgütern über sog. BigBags mit rieselfähigen Schüttgütern bis hin zur Verladung in loser Schüttung. Die Ausbildungsträger sind dabei vielfältig und reichen von Organisationen wie TÜV und Dekra bis zu kleineren Unternehmern. Da es sich bei der BPL nicht wie beim Gb um eine reglementierte und gesetzlich geforderte Funktion handelt, können Dauer und Umfang der Ausbildung variieren.

Wie bei jeder Pflichtenübertragung hat auch diese schriftlich zu erfolgen. Im Rahmen eines Delegationsschreibens sollten der Aufgabenbereich und -umfang der BPL genau festgelegt werden. Außerdem kann der genaue Wirkungsbereich (bspw. die Abteilung oder Prozesse) festgelegt werden, für die die BPL verantwortlich ist. Auch die Stellung im Unternehmen sollte angemessen sein, da eine BPL im Zweifel in der Lage sein sollte, Mitarbeitenden unmittelbar Weisung zu erteilen. Daher hat sich häufig die Bestellung eines Lager- oder Logistikleiters für diese Aufgabe bewährt.

11.4 Überprüfung des Systems: das erste Audit

Nach einer erfolgreichen Einführung des Managementsystems muss unweigerlich nach einer gewissen Zeit das erste Audit folgen. Dies dient wie in Kapitel 9.3 beschrieben der Überprüfung der Leistungsfähigkeit des eingeführten Systems.

Zuerst steht dabei die Auswahl der auditierenden Partei sowie der Art des Audits an. Da es sich bei dem vorgestellten System bisher um ein nicht weiter bekanntes System handelt, bietet sich ein internes Audit durch die umsetzende Organisation an. Zwar könnten sich umsetzende Organisationen gegenseitig auditieren, da aber auch keine Zertifizierung des BSM-Systems möglich ist, ist ein internes Audit ausreichend. Als Art des Audits bieten sich entweder ein Prozessaudit oder ein Systemaudit an. Ersteres ist dann nützlich, wenn beim Aufbau der Prozessdokumentation bereits aufgefallen ist, dass einzelne Prozesse genauer beleuchtet und mit unabhängigen Augen betrachtet werden sollten. Auch um zu hinterfragen, ob alle notwendigen Prozesse berücksichtigt wurden, ist diese Audit-Art ein gutes Mittel. Das Systemaudit nähert sich der Überprüfung und Bewertung eher von einer Metaebene, lässt dafür aber mehr Schlüsse über den Zustand des gesamten Systems und der Organisation bzgl. der Leistungsfähigkeit im Bereich Transportsicherheit zu.

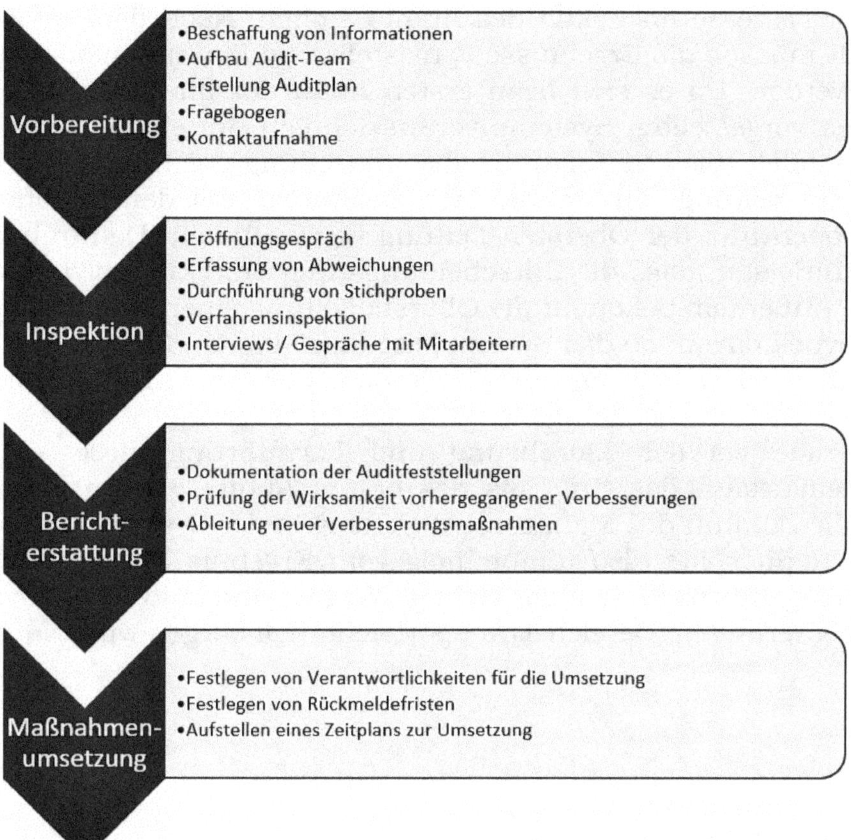

Abbildung 3: Vier Stufen eines Audits. Eigene Darstellung in Anlehnung an Syska.[42]

[42]Vgl Syska, 2006, S. 20-21.

Der Ablauf des Audits sollte dann im Weiteren den in Abbildung 3 vorgestellten vier Stufen folgen. Dazu gehört in diesem speziellen Fall auch, dass der von der Organisation ausgewählte Auditor die Auditkriterien erarbeiten muss. Hat die Organisation einen Gefahrgutbeauftragten, so bietet es sich an, diesen als Auditor einzusetzen, sollte dieser nicht maßgeblich an der Einführung und Umsetzung des Managementsystems beteiligt sein. Gefahrgutbeauftragte sind qua Amt zur Überprüfung und Beratung ihrer Organisation verpflichtet und verfügen häufig über ein umfassendes Wissen über die Beförderungssicherheitsprozesse.

Gerade in einem Erstaudit eines neuen Systems sollten unter anderem die Beförderungssicherheitspolitik, die Rollen und Verantwortlichkeiten, die Beförderungssicherheitsziele sowie die notwendigen Prozesse im Fokus des Audits stehen. Nach dem erfolgten Audit müssen die Ergebnisse vorgestellt und Maßnahmen abgeleitet werden. Da es sich beim ersten Audit des im Rahmen dieser Arbeit vorgestellten Systems voraussichtlich um ein internes Audit handelt, bietet es sich an, die Vorstellung der Ergebnisse und die Erarbeitung von Maßnahmen zusammen mit den betroffenen Personen und der Obersten Leitung vorzunehmen. Dadurch wird gewährleistet, dass die Entscheidungsträger direkt involviert werden. Außerdem bekommt die Oberste Leitung einen unmittelbaren Eindruck davon, ob das System leistungsfähig ist. Dies ist wichtig, da die Oberste Leitung unerlässlich zur Fortführung des Systems ist.

Gerade bei der Einführung und Fortführung dieses neuen Systems kann das Ergebnis des ersten Audits also maßgeblich für die Zukunft des Managementsystems in der Organisation sein. Das Audit sollte also unabhängig vom Ergebnis aufzeigen, dass das eingeführte System der richtige Weg ist und zukünftig für eine Verbesserung im Bereich Transportsicherheit sorgen wird.

Information

Betriebssicherheit: Zustand, in dem die technische Betriebssicherheit der Verkehrsmittel nicht durch die Ladung beeinträchtigt wird.

Beförderungssicherheit: Zustand, in dem nur derartige Güter verladen werden, deren Zustand einen problemlosen Umgang und Sicherung zulässt sowie andere Güter nicht in ihrer Beförderungssicherheit beeinflussen.

Verkehrssicherheit: Zustand, in dem die Ladung so auf das Verkehrsmittel aufgebracht wurde, dass sie unter den normalen Anforderungen des Verkehrs keine Gefahr darstellt (bspw. durch Verrutschen).

Über den Autor

Marius Reinkemeier ist Gefahrgutbeauftragter und Beförderungssicherheitsmanager in der chemischen Industrie. Seine Leidenschaft für das Thema Gefahrgut begann bereits 2011 im Rahmen seines dualen Studiums an der DHBW Mannheim. Früh sammelte er praktische Erfahrung im Luftfrachtexport, wo er seine Kenntnisse in den Bereichen **IATA DGR** und **sichere Lieferkette** vertiefte. Eine anschließende Tätigkeit in der **Schwergutlogistik** erweiterte sein Fachwissen im Umgang mit komplexen Ladegütern, Fahrzeugen und dem Anschlagen von Lasten.

Nach seiner Tätigkeit im **interkontinentalen Export bei der BASF Coatings GmbH** wechselte er 2020 in die **Transportsicherheit**. Seit August 2021 ist er der **Gefahrgutbeauftragte der BASF Coatings GmbH**, seit November 2025 zusätzlich auch der **BASF Coatings Services GmbH**. Durch seine Mitarbeit in verschiedenen **Arbeitskreisen der Verbände CEPE, VCI und VDL** sammelte er darüber hinaus wertvolle Erfahrung in der **Gremien- und Vorschriftenarbeit**.

Im Mai 2023 gründete er den ersten **Gefahrgut-Podcast Deutschlands – *GefahrTalk***. In den monatlichen Folgen spricht er mit namhaften Expertinnen und Experten der Gefahrgutszene über aktuelle Themen, Herausforderungen und Entwicklungen rund um Gefahrgut und betriebliche Sicherheit.

Seit Juli 2024 ist Marius Reinkemeier außerdem **Gründer und Inhaber von „GefahrTalk – Die Gefahrgutberatung“**. Sein Schwerpunkt liegt auf **Training, Ausbildung und der Erstellung von Sicherungsplänen nach ADR 1.10.3.** Mit seiner Arbeit verbindet er tiefgehende Fachkenntnis mit dem Ziel, Sicherheitskultur und Praxisverständnis im Umgang mit Gefahrgut nachhaltig zu stärken.

Mehr über **Marius Reinkemeier** und **GefahrTalk – Die Gefahrgutberatung** finden Sie unter: **www.die-gefahrgutberatung.de**

Literaturverzeichnis

Brauweiler, J., Zenker-Hoffmann,mann, A., & Will, M. (2018). *Umweltmanagementsysteme nach ISO 14001* (2., vollständig überarbeitete und ergänzte Auflage Ausg.). Wiesbaden: Springer Fachmedien.

Bundes-Immissionsschutzgesetz in der Fassung der Bekanntmachung vom 17. Mai 2013 (BGBl. I S. 1274; 2021 I S. 123), das zuletzt durch Artikel 1 des Gesetzes vom 24. Februar 2025 (BGBl. 2025 I Nr. 58) geändert worden ist. (1974). Berlin.

Bundesministerium für Digitales und Verkehr. (2023). *Richtlinien zur Durchführung der Gefahrgutverordnung Straße, Eisenbahn und Binnenschifffahrt (GGVSEB) und weiterer gefahrgutrechtlicher Verordnungen (Durchführungsrichtlinien-Gefahrgut) -RSEB.* Bonn: Verkehrsblatt-Verlag.

Burgi, M. (o. T.. o. M. 2020). *Verwaltungsrecht III: Polizei- und Sicherheitsrecht – Sommersemester 2020.* Abgerufen am 14. Juni 2023 von https://www.jura.uni-muenchen.de/pubdokumente/202004/20200416143732.pdf

Gefahrgutbeförderungsgesetz 1975 (GGBefG 1975) idF vom 02.03.2023 (GBGI. 2023 Nr. 56). (1975). Berlin.

International Maritime Organization, International Labour Organization, & United Nations Economic Commission for Europe. (Mai 2015). *Verfahrensregeln der Internationalen Seeschifffahrts-Organisation (IMO), der Internationalen Arbeitsorganisation (ILO) und der Wirtschaftskommission der Vereinten Nationen für Europa (UNECE) für das Packen von Güterbeförderungseinheiten (CTUs) (CTU-Code).* Abgerufen am 01. Juli 2023 von https://unece.org/fileadmin/DAM/trans/doc/2014/wp24/CTU_Code_German.pdf

Klaus, W. (2016). *Ziele formulieren.* Wiesbaden: Springer Fachmedien.

Krogerus, M., & Tschäppeler, R. (2017). *50 Erfolgsmodelle* (Komplett überarbeitete Neuausgabe Ausg.). Zürich: Kein & Aber.

Kühnapfel, J. B. (2019). *Vertriebskennzahlen* (2., verbesserte Auflage Ausg.). Wiesbaden: Springer Gabler Wiesbaden.

Lehder, G., & Skiba, R. (2001). *Taschenbuch betriebliche Sicherheitstechnik* (4., neu bearbeitete Auflage Ausg.). Bielefeld: Erich Schmidt Verlag.

Lehner, C., & Weihe, S. (2019). *Zwischen Achtsamkeit und Pragmatismus.* Berlin, Heidelberg: Springer Verlag GmbH.

O. V. (2010). *Ladungssicherung beim Transport* (10/2010 Ausg.). Heidelberg: Berufsgenossenschaft Rohstoffe und chemische Industrie.

O. V. (2020). *Bekannter Versender - Vereinfachung in der Luftfrachtsicherheit.* Abgerufen am 19.. Juni 2023 von https://www.ihk.de/wiesbaden/international/zoll/bekannter-versender-luftfrachtsicherheit-1252582

O. V. (2023). *Loading Guidelines.* Abgerufen am 18.. Juni 2023 von https://uic.org/freight/load-safety/article/loading-guidelines

O. V. (o. J.). *BBK Bund Infothek Glossar.* Abgerufen am 16. Juni 2023 von https://www.bbk.bund.de/DE/Infothek/Glossar/_functions/glossar.html?nn=19742&lv2=19840

O., V. (2008). VERORDNUNG (EG) Nr. 1272/2008 DES EUROPÄISCHEN PARLAMENTS UND DES RATES vom 16. Dezember 2008 über die Einstufung, Kennzeichnung und Verpackung von Stoffen und Gemischen, zur Änderung und. Brüssel.

Oberschelp, H. (1993). *Gefahrgut-Management.* Hamburg: K. O. Storck Verlag.

Schäfer, J. G. (2020). *Luftfracht.* Wiesbaden: Springer Fachmedien.

Schulte, C. (2009). *Logistik* (5., überarbeitete und erweiterte Auflage Ausg.). München: Verlag Franz Vahlen.

Syska, A. (2006). *Produktionsmanagement.* Wiesbaden: Gabler.

United Nations. (2023). *Recommendations on the transport of Dangerous Goods.* New York: United Nations Publications.

Verein Deutscher Ingenieure e. V. (2018). *Betriebssicherheitsmanagement.* Düsseldorf: Verein Deutscher Ingenieure e. V.

Whitemore, J. (2014). *Coaching for Performance.* Paderborn: Junfermann Verlag.

www.ingramcontent.com/pod-product-compliance
Lightning Source LLC
LaVergne TN
LVHW082234051026
849532LV00012B/3976
9783945692554